"十四五"职业教育国家规划教材

四川省"十四五"职业教育规划教材

中等职业教育**中餐烹饪**专业系列教材

远方旅游
JOURNEY TO HEART

中餐面点基础

第2版

主　编　陈　君

副主编　梁雪梅　罗　恒

参　编　郑存平　刘　博　祝俊强
　　　　雷锡林　戴青容

重庆大学出版社

内容提要

　　本书主要介绍了中餐面点的基础知识,面点基本功训练(和面、揉面、搓条、下剂、制皮),常见调味与常用馅料调制,大众面点的成型与成熟工艺,以及中西盘饰艺术等内容。本书除体现科学性外,最大的特点是实用性和可操作性强,在中餐面点基础理论的指导下,使用大量细致的实操图片,看图学习,易懂易学,充分体现了学以致用的原则。

　　本书可供中等职业学校烹饪专业学生使用,也可作为面点制作从业人员培训教材。

图书在版编目(CIP)数据

中餐面点基础 / 陈君主编. -- 2 版. -- 重庆:重庆大学出版社,2023.9
中等职业教育中餐烹饪专业系列教材
ISBN 978-7-5624-7441-8

Ⅰ.①中…　Ⅱ.①陈…　Ⅲ.①面食—制作—中国—中等专业学校—教材　Ⅳ.①TS972.132

中国版本图书馆 CIP 数据核字(2022)第 158751 号

中等职业教育中餐烹饪专业系列教材

中餐面点基础

(第 2 版)

主　编　陈　君
副主编　梁雪梅　罗　恒
策划编辑:沈　静
责任编辑:夏　宇　　版式设计:沈　静
责任校对:关德强　　责任印制:张　策

*

重庆大学出版社出版发行
出版人:陈晓阳
社址:重庆市沙坪坝区大学城西路 21 号
邮编:401331
电话:(023)88617190　88617185(中小学)
传真:(023)88617186　88617166
网址:http://www.cqup.com.cn
邮箱:fxk@cqup.com.cn(营销中心)
全国新华书店经销
重庆升光电力印务有限公司印刷

*

开本:787mm×1092mm　1/16　印张:9.5　字数:205 千
2013 年 9 月第 1 版　2023 年 9 月第 2 版　2023 年 9 月第 9 次印刷
印数:23 001—26 000
ISBN 978-7-5624-7441-8　定价:45.00 元

第 2 版前言

为切实贯彻执行国家有关职业教育法规政策文件精神，本书在第 1 版的基础上，根据"岗课赛证"四位一体思路，以课程思政为抓手，落实"立德树人"根本任务而修订。

四川省商务学校烹饪专业始建于 1976 年，至今已有 40 余年教育教学和实验实践经验，是教育部首批七所"全国烹饪示范专业学校"之一，是北京人民大会堂定点选调川菜厨师的学校，被誉为川菜的黄埔军校。"中餐面点基础"课程已被打造成四川省商务学校的校级精品课程。本书编者在申报"十四五"职业教育国家规划教材的基础上，根据党的二十大精神，在推进中国式现代化进程、实现高质量发展的大背景下，进一步总结相关教学资源和经验，对本书内容进行整体统筹，再一次进行了认真修订；瞄准技术变革和产业优化升级需要，依据"岗课赛证"一体化的教学模式增加了部分内容；融入爱国主义情怀和工匠精神，融合烹调原料知识、川菜制作技术、中式点心的饮食文化典故等方面的相关知识，充分考虑中等职业教育应把理论知识、实践技能、思政教育相结合，在反复示范、模仿、训练培养动作技能的基础上，重点采用对分课堂教学模式，将课堂细分为课前、课中、课后三大模块，通过解决在线上线下互动及课后实践中出现的问题，培养学生真实情境中的技术思维能力，提高学生的创新创造能力；从单纯"以就业为导向"提升为"就业与升学并重"，增强职业教育的适应性，与时俱进、紧跟社会发展步伐，培养真正符合国家和社会需要的高素质面点应用型技能型人才，为学习者进入应用型高等教育机构奠定面点基础性专业理论知识和技能。

在内容编排上，本书以循序渐进掌握中餐面点基础知识与技能的学习规律为逻辑线索进行编写，以图文并茂的形式呈现，共分为 4 个模块 8 个项目 25 个任务。模块 1 认知中餐面点，主要培养学生面点学习兴趣，介绍中餐面点基础知识、概念、风味流派；模块 2 走近中餐面点，进一步了解中餐面点的常用设备、工具和原料；模块 3 学习中餐面点，系统讲述中餐面点基本功，如面点基本技法、面点调味与馅（臊）制作工艺、面点成型与成熟工艺等；模块 4 创造中餐面点，引入中餐面点艺术，如面塑、盘饰等，以能更好地表现、表达面点作品。

　　本书在编写过程中得到了四川省商务学校领导和专业教师的大力支持和帮助，由四川省商务学校高级讲师陈君担任主编，四川省商务学校高级讲师梁雪梅、罗恒担任副主编。具体编写分工如下：项目1和项目2由四川省商务学校高级讲师陈君编写，项目3由四川省商务学校高级讲师罗恒编写，项目4由四川省商务学校高级讲师梁雪梅编写，项目5由四川省商务学校高级讲师郑存平编写，项目6由四川省商务学校教师戴青容编写，项目7由四川省商务学校高级实习指导老师祝俊强、讲师雷锡林编写，项目8由四川省商务学校高级讲师刘博编写。全书由四川省商务学校烹饪系顾问、烹饪大师张社昌审阅。四川省商务学校副校长葛惠伟、烹饪系系主任郑存平在本书再版过程中给予了许多指导、支持和帮助，在此一并表示感谢！

　　由于编者水平有限，书中不妥和错误之处在所难免，恳请读者批评指正。

编　者

2022年11月

第 1 版前言

　　《中餐面点基础》是在 2012 年 4 月重庆召开的中等职业教育中餐烹饪专业教师计划及教材编写研讨会议精神的基础上，充分考虑中等职业教育应该更好地适应经济结构调整、科技进步和劳动力市场的需要，加快技能人才培养的特点，本着系统性、科学性、先进性和实用性的原则编写而成的。本书共分为 8 个项目，包括概论、面点常用设备与工具、面点调味与馅料制作工艺、面点基本技法、面点成型与熟制工艺、面点艺术等内容。

　　在编写过程中，始终坚持以下原则：第一，坚持技能人才的培养，强调教材的实用性；第二，突出教材的时代感，力求较多地引进新的教学思想，反映行业的发展趋势；第三，打破传统教材的编写模式，采用图文并茂的方式，使教材易教易学。

　　本书由四川省商业服务学校陈君任主编，重庆市旅游学校肖益和四川省商业服务学校梁雪梅任副主编。具体编写分工如下：项目 1 和项目 2 由四川省商业服务学校陈君编写；项目 3 由重庆市旅游学校肖益和四川省商业服务学校罗恒编写；项目 4 由四川省商业服务学校梁雪梅编写；项目 5 和项目 6 由四川省商业服务学校戴青容、郑存平、董俊华编写；项目 7 由四川省商业服务学校祝俊强、雷锡林编写；项目 8 由四川省商业服务学校刘博编写。全书由四川省商业服务学校烹饪教研室顾问、烹饪大师张社昌审阅。四川省商业服务学校副校长梁英、烹饪教研室主任韦昔奇在本书编写过程中给予了许多指导、支持和帮助，在此一并表示感谢。

　　由于编者水平有限，书中不妥和错误之处在所难免，恳请读者批评指正。

编　者

2013 年 1 月

目 录

模块4　创造中餐面点

认知中餐面点

模块 1

◇ 旨在帮助初学者认知中餐面点，包括创意中餐面点、中餐面点的概念、流派、行业地位等方面，点燃他们对面点的学习兴趣。

项目1 认识中餐面点

【职业能力目标】

☐ 能欣赏中餐面点的精致、精巧与精美之处；
☐ 了解中餐面点的概念及其在餐饮业中的地位和作用；
☐ 了解中餐面点的特点；
☐ 了解中餐面点的风味流派。

任务1 创意中餐面点欣赏

　　中餐面点工艺的发展从解决温饱到现在的艺术享受，是无数面点工匠用自己的聪明才智和勤奋勇敢，运用优良食材，博采众长，兼容并蓄，在传承传统基础上不断创新的成果。制作上追求象形象生和内涵韵味表达，去除重油、重糖等不健康因素，融入现代很多绿色健康膳食和美学观念，使面点作品的色、香、味、形、质都符合时代的需求。可以说，创意中餐面点在满足人们对健康、口味需求的同时，也实现了人们对艺术的享受和对美好生活的向往（图1.1—图1.8）。

图1.1　鼓舞盛世

图1.2　菌菇樱桃

图1.3　圣诞小酥点

图1.4　象形苹果酥

图 1.5 冠顶饺

图 1.6 象生红辣椒

图 1.7 象生土豆包

图 1.8 天府熊猫包

任 务 测 试

一、名词解释

1. 象生

2. 面点艺术

二、简答题

简述创意中餐面点的特点。

任务2 中餐面点概述

中餐面点的萌芽约在 6 000 年前（即原始社会时期），春秋战国时期出现"饼"，汉代出现节日面点习俗（如重阳节食糕"蓬茸"），隋唐五代时期出现食疗面点，宋元时期市肆面点极为发达，明清时期基本形成面点的风味流派，进入中国特色社会主义新时代以来，面点制作技术有了飞速发展，除了国内各地方面点及中西面点的融汇，快餐面点、速冻面点、保健面点等也成为人们的生活日常。

中餐面点素以历史悠久、品种丰富、制作精致、风味多样而闻名世界，常用作早点、夜宵、茶食或筵席间的点缀以及茶余饭后消闲遣兴的点心，花会、灯会、庙会上休闲娱乐时的零嘴儿，在餐饮行业中俗称"白案""小吃""点心"，是我国饮食的重要组成部分，与菜肴一起构成了烹饪的全部内容。在经历了漫长的历史发展长河之后，面点已成为一门独立的技术，并有一套完整的制作工艺流程。

1.2.1　中餐面点的概念

在中餐行业中面点具有非常广泛的内容。从广义上来讲，面点包括用米、麦、杂粮、蔬、果、鱼肉及油、糖、蛋、乳等为原料制作的各类米面食、小吃和点心（图1.9）。

图1.9　中餐面点原料

从狭义上来讲，面点是指用各种粮食（米、麦、杂粮及其粉料）原料调制面团，配以蔬果、鱼肉等制成的馅料，经成型、成熟制成的具有一定色、香、味、形的米面食、小吃和点心（图1.10）。

图1.10　中餐面点成品

1.2.2　中餐面点的分类

中餐面点品种丰富多样，特色各异，可根据制作原料、面团性质、熟制方法、制品形态、制品口味等不同方面和角度来进行分类，反映出面点制品的不同特点。

按制作原料分类：麦粉类制品、米类制品、杂粮制品、果蔬类制品、澄粉类制品、羹汤类制品、冻类制品等。

按面团性质分类：水调面团、膨松面团、油酥面团等。

按熟制方式分类：蒸制品、煮制品、炸制品、煎制品、烙制品、烤制品等。

按口味分类：甜味制品、咸味制品、甜咸味制品等。

按形态分类：饺类、包类、条类、饼类、糕类、团类等。

1.2.3　中餐面点的行业地位及现状

中餐面点在饮食行业中占有重要的地位：

第一，面点与菜肴相互依存。菜中有点，点中有菜，融为一体，比如筵席配点、主副食相结合等。

北京烤鸭配鸭饼，麦香海参配窝窝头，炭烧肉配荷叶饼，香辣龙虾中的小馒头（馍子），宴席中的龙抄手、锅摊、红油水饺、玉米饼等。

第二，面点可以脱离菜肴而单独经营（存在）。开设面点店铺，面积小、投资小、回收快，更突出风味特色，比如面馆、包子铺、糕饼店、小吃店等。

龙抄手、灌汤包、肥肠粉、牛肉面、花溪牛肉粉等。

第三，面点是人们生活的必需品。它既可作为必不可少的主食或正餐（特别是在北方），又可作为饭前或饭后的点心，以供消遣调剂。

包子、馒头、饺子、煎饼、馍、豌豆黄等。

第四，面点食用方便，节约时间。为了适应当今快节奏的生活，粉、面、馄饨等已经成为快餐业的首选。一碗面、一碗粉或一个锅盔，不但吃好，而且还方便省时。

深圳面点王、重庆老麻抄手、云南过桥米线、大连大娘水饺等。

第五，面点方便携带，经济实惠。街头小吃可以边走边吃，既是出差人员的方便食品，也是旅游者惠赠亲朋的地方美食。

麻糖、绿豆糕、桂花糕、桃酥、麻花、鲜花饼等。

第六，面点精美的形态可以美化和丰富人们的生活，满足人民群众对美好生活的向往。

天府熊猫包、猪猪包、寿桃包、四喜蒸饺、冠顶饺、象生胡萝卜等。

图 1.11　豆腐脑

任务测试

一、名词解释

中餐面点

二、多项选择题

1. 中餐面点在餐饮行业中俗称（　　）。

    A. 面食　　　　　B. 白案　　　　　C. 小吃　　　　　D. 点心　　　　　E. 西点

2. 中餐面点按面团性质可分为（　　）。

    A. 麦粉类制品　　B. 米类制品　　　C. 杂粮制品　　　D. 果蔬制品　　　E. 澄粉制品

三、简答题

1. 什么是中餐面点？

2. 当今中餐面点的行业地位如何？

任务3 认识面点的风味流派

　　我国地域广阔，民族众多，各地气候、物产、人民生活习惯有所不同，这使得面点制作在选料、口味和制法上形成了不同的风格和浓郁的地方特色，由此产生和形成了面点的风味流派。按口味来讲有"南甜、北咸、东辣、西酸"的说法，按用料来讲有"南米、北面"的说法，按流派来讲主要有京式、广式、苏式和川式。

　　各地的面点有着浓郁的地方风味特色，形成了一批极具特色的品种。通过这些特色品种，我们可以了解到中餐面点的制作原料、熟制方法、口味和形态，以及其具有的表演性、艺术性、技术性、实用性和地方性。

1.3.1　京式面点

　　京式面点泛指黄河以北的大部分地区所制作的面点，包括山东、华北、东北等地，以北京为代表。北京曾是元、明、清的都城，是我国政治、经济、文化的中心，这为北京营造了多方面的有利条件，博采众长，兼集各地、各民族面点风味，从而形成了独特的北方风味。京式面点用料丰富，品种众多，馅心多采用蔬菜、猪肉，调味多用香油和甜面酱，口味较咸。除了著名的四大面食——抻面、小刀面、刀削面、拨鱼面外，还有北方水饺、豌豆黄、豆汁、八宝莲子粥等名小吃，另外天津的狗不理包子和麻花也非常出名（图1.12—图1.19）。

图 1.12　豌豆黄

（呈浅黄色，味道香甜，清凉爽口）

图 1.13　艾窝窝

（色泽雪白，质地黏软，口味香甜）

图 1.14　芸豆卷

（香甜美味，豆沙馅湿润细滑）

图 1.15　千层糕

（糕体松软，层次丰富清晰，味香甜）

图 1.16　小窝头

（色泽金黄，小巧玲珑）

图 1.17　狗不理包子

（选料精良、皮薄馅大、口味醇香、

鲜嫩适口、肥而不腻，已成津门一绝）

图 1.18　三鲜烧麦

（形似石榴，鲜香可口）

图 1.19　北方水饺

（皮薄馅嫩，味道鲜美）

1.3.2 川式面点

川式面点是指四川各地的风味面点小吃。四川素有"天府之国"的美誉，这里气候温和湿润、物产丰富，为川式面点的形成创造了良好的物质条件。川式面点源自民间，在历代官宦家厨、店馆名师的继承和创新下逐渐形成了自己的风格，具有浓郁的地方风味特色（图1.20—图1.29）。

图1.20　龙抄手
（皮薄、馅嫩、汤鲜）

图1.21　红油水饺
（皮薄馅嫩、咸甜微辣、鲜香爽滑）

图1.22　担担面
（面臊酥香，咸鲜微辣，香气扑鼻）

图1.23　牛肉焦饼
（色泽金黄，皮酥脆香鲜，馅细嫩微麻）

图1.24　玻璃烧麦
（皮薄似玻璃，口味清鲜）

图1.25　鸡汁锅贴
（饺皮香脆，馅肉细嫩，味道鲜美）

图 1.26 叶儿粑

（滋润爽口，清鲜香甜）

图 1.27 珍珠丸子

（晶莹洁白，滋味鲜美）

图 1.28 蛋烘糕

（色泽黄润，软绵细腻，鲜香回味）

图 1.29 糖油果子

（色泽黄亮，外酥内糯，香甜可口）

1.3.3 广式面点

　　广式面点泛指珠江流域及南部沿海地区所制作的面点，以广州为代表。富有南国风味的广东，在面点制作上自成一格，加上近百年来吸收了部分西点制作技术，更是对广式面点的发展起到了促进作用。广东人特别擅长用米和米粉来制作皮坯，用马蹄、土豆、芋头、山药、薯类等来制作坯料，使用油、糖和蛋改变皮坯的性质，以获得较好的质感。广东人的口味是咸鲜微甜，讲究形态，花色和馅心多样，工艺精细，口味鲜、滑、嫩（图 1.30—图 1.37）。

图 1.30 干蒸烧麦

（皮软肉爽，稍含汁液，鲜香不腻）

图 1.31 伦教糕

（香甜润滑，不腻口）

图 1.32　娥姐粉果
（橄榄形，口味鲜甜）

图 1.33　虾饺
（清鲜味美，爽滑而有汁）

图 1.34　糯米鸡
（鲜味四溢，糯米润滑可口，
鸡肉味道完全渗透到糯米之中）

图 1.35　煎堆
（色泽金黄，不含油份，
入口甘香酥化）

图 1.36　榴莲酥
（酥松可口，榴莲味浓）

图 1.37　广式月饼
（皮薄柔软，图案花纹玲珑浮凸，
馅料多样）

1.3.4　苏式面点

　　苏式面点是指长江中下游即江、浙一带地区制作的面点，主要指江苏一带的面点。苏式面点起源于扬州、苏州，发展于江苏、上海等地，以江苏为代表。重调味，口味厚，色泽深，略带甜味。馅心重用冻（皮冻、琼脂冻），汁多、口味鲜美，擅做糕团、面条、饼类（图1.38—图1.45）。

图 1.38　淮阳汤包

（皮薄柔韧，馅嫩流汁，咸香鲜美）

图 1.39　青团

（色如翡翠，清香，软糯）

图 1.40　糯米烧麦

（甜、咸、鲜、黏，味美适口）

图 1.41　定胜糕

（松软清香，入口甜糯）

图 1.42　黄松糕

（入口松酥，冷食、热食均可）

图 1.43　苏州船点

（惟妙惟肖，栩栩如生）

图 1.44　松子枣泥拉糕

（呈酱褐色，枣香扑鼻，软润可口）

图 1.45　黄桥烧饼

（表层香酥爽口，里层细嫩，
口感鲜香独特）

任务测试

一、名词解释

1. 京式面点

2. 川式面点

3. 广式面点

4. 苏式面点

二、多项选择题

1. 下列品种中属于京式面点的有（　　）。

　　A. 艾窝窝　　　B. 狗不理包子　　C. 银丝卷　　　　D. 三鲜烧麦　　　E. 拨鱼面

2. 下列品种中属于川式面点的有（　　）。

　　A. 龙抄手　　　B. 红油水饺　　　C. 担担面　　　　D. 肥肠粉　　　　E. 叶儿粑

3. 下列品种中属于广式面点的有（　　）。

　　A. 虾饺　　　　B. 豌豆黄　　　　C. 叉烧包　　　　D. 青团　　　　　E. 月饼

4. 下列品种中属于苏式面点的有（　　）。

　　A. 黄桥烧饼　　B. 珍珠丸子　　　C. 阳春面　　　　D. 船点　　　　　E. 玻璃烧麦

三、简答题

1. 中餐面点的主要风味流派有哪些？

2. 中餐面点主要风味流派各有什么特色？

走近中餐面点

模块 2

◇ 在对中餐面点形成了一定的认知之后，让我们一起走近中餐面点，了解与中餐面点相关的设施设备和常用原料。我们会发现在这些中餐面点制作的源头总是充满了无限的乐趣。

项目2 中餐面点常用机械设备与工具

【职业能力目标】

☐ 了解中餐面点制作中常用的机械设备与工具；
☐ 了解不同中餐面点机械设备与工具的使用特点；
☐ 了解中餐面点机械设备与工具的维护保养。

中餐面点的制作往往需要一些机械设备与工具的辅助，甚至是利用机械设备完全实现机械化的操作。

任务1 中餐面点常用机械设备

2.1.1 辅助设备

1）工作台

中餐面点工作台也称案板，常见的材质有木质、大理石和不锈钢三种。

（1）木质工作台

木质工作台（图2.1）一般采用枣木、松木、柏木等硬质木料制成台面，不锈钢材质架子或柜子作为底架。在中餐面点生产过程中最为常见，主要用于和面、揉面等工序，散热性能较好。在使用中切忌直接在案板上用刀砍、剁原料，在清洗时忌使用面铲或切刀用力铲，以免木质台面受损。

图 2.1　木质工作台

（2）大理石工作台

大理石工作台（图2.2）台面为大理石，底架为不锈钢架，台面较重，表面非常光滑、平整，抗腐蚀能力强，散热性好，是巧克力装饰、糖沾工艺等的理想工作台。由于其表面过于光滑，因此不太适合擀制面皮。

图 2.2　大理石工作台

（3）不锈钢工作台

不锈钢工作台（图 2.3）采用不锈钢板材质制成，表面光滑平整，耐腐蚀、防酸、防碱、防静电。根据实际需要有单层、双层、带冰柜等样式，在中餐面点中常用于准备工作。

图 2.3　不锈钢工作台

2）洗涤槽

洗涤槽是常用的清洗设备，有单槽（图 2.4）、双槽（图 2.5）、多槽之分，主要用于洗涤各种原料和器具。这里说的主要是饮食行业常用的台式不锈钢洗涤槽。

图 2.4　单槽洗涤槽

图 2.5　双槽洗涤槽

2.1.2　原料处理机械设备

1）和面机

和面机是中餐面点制作中最常见的机械设备之一，主要有卧式和立式两大类，根据工艺要求还有变速、调温和自控装置。

（1）卧式和面机

卧式和面机（图2.6）在中餐面点中广泛运用，主要用于大批量面团的调制，如制作面条、馒头、饺子的面团。另外，由于其对面团的拉伸作用较小，也适用于酥性面团的调制。

（2）立式双速搅拌机

立式双速搅拌机（图2.7）有手动、自动两套控制，适用于各种面团的调制，包括面包面团等高韧性面团的调制。

图2.6　卧式和面机

图2.7　立式双速搅拌机

2）多功能搅拌机

多功能搅拌机（图2.8）也称打蛋机，是一种转速很高的搅拌机，通常为立式。根据所使用搅拌桨的不同，搅拌机也会有不同的适应性。比如球形搅拌桨（图2.9）主要用于搅拌蛋液、蛋糕糊等黏度较低的物料，扇形搅拌桨（图2.10）主要用于搅拌糖浆、甜馅等膏状物料，钩形搅拌桨（图2.11）主要用于搅拌筋性面团等高黏度物料。

图2.8　多功能搅拌机

图2.9　球形搅拌桨

图2.10　扇形搅拌桨

图2.11　钩形搅拌桨

3）绞肉机

绞肉机（图2.12）除了用于绞肉之外，在中餐面点中也常用于绞蒜泥、豆沙蓉、糯米饭糍粑等。绞肉时需把皮去掉并将肉分割成小块，肉馅的粗细可由两方面决定，一是绞肉的次数，绞肉次数越多，肉馅越细；二是由刀具（板眼）决定，可根据使用

16

需要随意调换粗细板眼，以加工不同规格的肉馅颗粒。

4）磨浆机

磨浆机（图 2.13）主要用于磨制豆浆、米浆等。

5）磨粉机

磨粉机（图 2.14）主要用于粉碎大米、杂粮等，效率高，出粉细。

图 2.12　绞肉机

图 2.13　磨浆机

图 2.14　磨粉机

2.1.3　成型加工机械设备

1）压面机

压面机（图 2.15）可加工面片、面条、抄手皮等。先利用光滑轧辊将松散的面团轧成紧密的、规定厚度的薄面片（压面过程会促进面筋规则延伸，形成细密的面筋网络），再将压面机的光滑轧辊换成齿形活动轧辊，压切面条。通过调节齿形轧辊的齿距，便能得到不同宽窄的面条。

2）醒发箱

醒发箱（图 2.16）即发酵箱，箱内的温度能根据实际所需进行调节和控制，主要用于馒头、包子类面团的发酵和醒发。

3）饺子机

饺子机（图 2.17）通过机械作用可代替传统手工操作，使其制品更为标准化。

图 2.15　压面机

图 2.16　醒发箱

图 2.17　饺子机

目前，中餐面点自动化成型设备仍无法满足我国几千年传统面点在制作工艺和美术造型上的特殊要求，有很多无法用机械模拟操作来代替，还需要依赖于大量手工操作进行补充。包子机、饺子机、春卷机、汤圆机、馒头机等面点成型设备在食品加工企业和大型食堂运用较多。

2.1.4　成熟机械设备

1）炉灶

炉灶以煤气、柴油、天然气等燃烧后提供热源而产生热量，利用锅内的水、油等作为传热介质，非直接加热的熟制设备。燃油灶、燃气灶等已逐步取代传统燃煤灶，电炉灶也有了一定的运用。

炉灶样式很多，如常用来炒面臊、煮或炸制席点的炒灶（图2.18），用来蒸制面点或煮较大量的汤类面点的蒸煮灶（图2.19），用来煎、烙、摊制面点的平炉灶（图2.20）等。

图2.18　炒灶　　　　　　图2.19　蒸煮灶　　　　　　图2.20　平炉灶

2）蒸箱

蒸箱（图2.21）是通过蒸发盘将水蒸气转化为高温蒸汽，对面点等食物进行100%蒸汽加热的成熟设备，具有强大的纯蒸功能，适用于所有蒸制面点的成熟。

3）烤箱

烤箱可分为电热式和燃气式两种类型，以电热式烤箱（图2.22）较为常见，多为隔层式结构，层层之间彼此独立，底火、面火分别控制，可实现多种制品同时烤制，效率高，节约能源。

图2.21　蒸箱　　　　　　　图2.22　电热式烤箱

附录 2　中国居民膳食营养素参考日摄入量

资料来源：中国营养学会 2000 年编著

类别 年龄/岁	体重/kg 男	女	能量/kcal(MJ) 男	女	蛋白质量/g 男	女	脂肪(脂肪能量占总能量的百分比)/%	碳水化合物占能量百分数/%	钙量/mg	磷量/mg	钾量/mg	钠量/mg	镁量/mg	铁量/mg 男	女	锌量/mg	硒量/μg	碘量/μg	铜量/mg	氟量/mg	铬量/μg	锰量/mg	钼量/μg	维生素A/μg 男	女	维生素C/mg	维生素D/μg	维生素E/mg	维生素K/μg	维生素B₁/mg 男	女	维生素B₂/mg 男	女	维生素B₆/mg	维生素B₁₂/μg	泛酸/mg	叶酸/μg	烟酸/mg 男	女	生物素/μg
婴儿 不分性别	男	女	不分性别		2~4/kg体重		不分性别	不分性别	不分性别	不分性别	不分性别	不分性别	不分性别	不分性别		不分性别	不分性别	不分性别	不分性别	不分性别	不分性别			不分性别		不分性别	不分性别	不分性别	不分性别	不分性别		不分性别		不分性别	不分性别	不分性别	不分性别	不分性别		不分性别
出生~6个月	6.7	6.2	120/kg体重				45		300	150	500	200	30	0.3		1.5	15	50	0.4	0.1	10			400		40	10	3		0.2		1.4		0.1	0.4	1.7	65	2		5
~12个月	9.0	8.4	100/kg体重				30~40		400	300	700	500	70	10		8.0	20	50	0.6	0.4	15			400		50	10	3		0.3		0.5		0.3	0.5	1.8	80	3		6
儿童	男	女	男	女	男	女																																		
~	9.9	9.2	1 100(4.6)	1 050(4.4)	35	35	25~30	62.5~55.9	600	450	1 000	650	100	12		9.0	20	50	0.8	0.6	20		15	500		60	10	4		0.6		0.6		0.5	0.9	2.0	150	6		8
~	12.2	11.7	1 200(5.0)	1 150(4.8)	40	40			600					12		9.0	20	50									10	4												
~	14.0	13.4	1 350(5.7)	1 300(5.4)	45	45			600					12		9.0	20	50									10	4												
~	15.6	15.2	1 450(6.1)	1 400(5.9)	50	45			800	500	1 500	900	150	12		12.0	25	90	1.0	0.8	30		20	600		70	10	5		0.7		0.7		0.6	1.2	3.0	200	7		12
~	17.4	16.8	1 600(6.7)	1 500(6.3)	55	50			800					12		12.0	25	90									10	5												
~	19.8	19.1	1 700(7.1)	1 600(6.7)	55	55			800					12		12.0	25	90									10	5												
~	22.0	21.0	1 800(7.5)	1 700(7.1)	60	60			800					12		13.5	35	90	1.2	1.0	30		30	700		80	10	7		0.9		1.0		0.7	1.2	4.0	200	9		16
~	23.8	23.2	1 900(8.0)	1 800(7.5)	65	60			800					12		13.5	35	90									10	7												
~	26.4	25.8	2 000(8.4)	1 900(8.0)	65	65			800	700	1 500	1 000	250	12		13.5	35	90									10	7												
~	28.8	28.8	2 100(8.8)	2 000(8.4)	70	65			800					12		13.5	35	90									10	7												
~	32.1	32.7	2 200(9.2)	2 100(8.8)	70	70			1 000	1 000	1 500	1 200	350	16		18.0	45	120	1.8	1.2	40			700		90	5	10		1.2		1.2		0.9	2.4	5.0	300	12		20
~	35.5	37.2	2 300(9.6)	2 200(9.2)	75	75			1 000					16		18.0	45	120									5	10												20
少年											男	女		男	女								50	男	女					男	女							男	女	
~	42.0	42.4	2 400(10.0)	2 300(9.6)	80	80	25~30	62.2~56.1	1 000	1 000	2 000	1 800	350	20	25	18.0	50	150	2.0	1.4	40			800	700	100	5	14		1.5	1.2	1.5	1.2	1.1	1.8	5.0	400	15	12	25
~	54.2	48.3	2 800(11.7)	2 400(10.0)	90	80			1 000					20	25	18.0	50	150						800	700		5	14		1.5	1.2	1.5	1.2	1.1	1.8	5.0	400	15	12	25
成年	男	女	男	女	男	女	不分性别		不分性别	不分性别		不分性别		男	女	不分性别	不分性别	不分性别	不分性别	不分性别	不分性别			男	女	不分性别	不分性别			男	女							男	女	不分性别
~	63(参考值)	53(参考值)					20~25	62.7~68.3														3.5																		
极轻劳动			2 400(10.0)	2 100(8.8)	70	65			800					15	20	15.5	50	150						800	700	100	5	14	120	1.4	1.3	1.4	1.2	1.2	2.4	5.0	400	14	13	30
轻劳动			2 600(10.9)	2 300(9.6)	80	70			800					15	20	15.5	50	150						800	700		5	14		1.4	1.3	1.4	1.2	1.2	2.4	5.0	400	14	13	30
中劳动			3 000(12.6)	2 700(11.3)	90	80			800		2 000		350	15	20	15.5	50	150						800	700		5	14		1.4	1.3	1.4	1.2	1.2	2.4	5.0	400	14	13	30
重劳动			3 400(14.2)	3 000(12.6)	100	90			800					15	20	15.5	50	150						800	700		5	14		1.4	1.3	1.4	1.2	1.2	2.4	5.0	400	14	13	30
极重劳动			4 000(16.7)		110				800					15		15.5	50	150						800	700		5	14		1.4	1.3	1.4	1.2	1.2	2.4	5.0	400	14	13	30
孕妇(4~6个月)			200(0.8)		15				1 000						25	16.5	50	200							800		10	14			1.5		1.7	1.9	2.6	6.0	600		15	30
孕妇(7~9个月)			200(0.8)		25				1 200		2 500		400		35	16.5	65	200							900	130	10	14			1.5		1.7	1.9	2.6	6.0	600		15	30
乳母			800(3.3)		25				1 200						25	21.5	65	200							1 200		10	14			1.8		1.7	1.9	2.8	7.0	500		18	35
老年前期										700									2.0	1.5	50		60																	
45~												2 200																												
极轻劳动			2 200(9.2)	1 900(8.0)	70	65			800					15		15.0	50	150						800	700		5	14		1.4	1.3	1.4	1.2	2.4	5.0	400	14	13	30
轻劳动			2 400(10.0)	2 100(8.8)	75	70			800					15		15.0	50	150						800	700		5	14	120	1.4	1.3	1.4	1.2	2.4	5.0	400	14	13	30
中劳动			2 700(11.3)	2 400(10.0)	80	75		67.3~60.6	800					15		15.0	50	150						800	700		5	14		1.4	1.3	1.4	1.2	2.4	5.0	400	14	13	30
重劳动			3 000(12.6)		90				800					15		15.0	50	150						800	700		5	14		1.4	1.3	1.4	1.2	2.4	5.0	400	14	13	30
老年														15										800	700														
60~							20~25		1 000		2 000		350	15										800	700	100						50岁~							
极轻劳动			2 000(8.4)	1 700(7.1)	70	60			1 000					15		15.0	50	150						800	700		10	14		1.4	1.3	1.4	1.2	1.5	2.4	5.0	400	14	13	30
轻劳动			2 200(9.2)	1 900(8.0)	75	65			1 000					15		15.0	50	150						800	700		10	14	120	1.4	1.3	1.4	1.2	1.5	2.4	5.0	400	14	13	30
中劳动			2 500(10.5)	2 100(8.8)	80	70			1 000					15		15.0	50	150						800	700		10	14		1.4	1.3	1.4	1.2	1.5	2.4	5.0	400	14	13	30
70~														15										800	700														
极轻劳动			1 800(7.5)	1 600(6.7)	65	55			1 000					15		15.0	50	150						800	700		10	14	120	1.4	1.3	1.4	1.2	1.5	2.4	5.0	400	14	13	30
轻劳动			2 000(8.4)	1 800(7.5)	70	60			1 000					15		15.0	50	150						800	700		10	14		1.4	1.3	1.4	1.2	1.5	2.4	5.0	400	14	13	30
80~			1 600(6.7)	1 400(5.9)	60	55			1 000					15		15.0	50	150						800	700		10	14	120	1.4	1.3	1.4	1.2	1.5	2.4	5.0	400	14	13	30

4）电炸炉

电炸炉（图 2.23）具有自动调温、恒温、控温功能，导热快，受热均匀。以前西餐中广泛运用，现中餐面点中也很常用。

5）电饼铛

电饼铛（图 2.24）常用来煎、烙面点制品，具有自动调温、恒温、控温功能，操作简单，较易控制产品的品质。

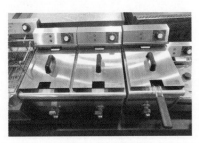

图 2.23　电炸炉

图 2.24　电饼铛

6）电磁炉

电磁炉（图 2.25）作为加热成熟工具，具有操作简单、使用方便、升温迅速的特点。值得注意的是，所使用的锅具需为平底铁质或不锈钢材质。

7）微波炉

微波炉（图 2.26）作为加热成熟的工具，具有成熟时间短、加热均匀、不易着色等特点，在中餐面点中常用作面点出售前的加热。

图 2.25　电磁炉

图 2.26　微波炉

2.1.5　冷藏冷冻设备

1）冰箱（柜）

冰箱（柜）是保持恒定低温的一种制冷设备，一般来说都具有冷藏冷冻功能。冷藏室温度在 0℃以上，常用来保鲜即用原料或半成品，如面膜、面条、凉粉、调味汁等，属于暂时存放；冷冻室温度在 0℃以下，常用来冷冻面点半成品，如包子、苕饼、汤圆等，属于较长时间存放，售卖时再取出解冻。

冰箱（柜）按外形和容量可分为单门、双门、三门、四门、多门等，餐饮行业使用较多的为双门冰柜（图2.27）、四门冰柜（图2.28）和多门冰柜（图2.29）。

图2.27　双门冰柜　　　图2.28　四门冰柜　　　图2.29　多门冰柜（带操作台）

2）冻库

冻库（图2.30）也称冷库，大型餐饮企业和食品加工企业运用较多，比如小吃连锁的中央厨房、饺子生产厂商、大型饭店、食堂等，能承担大量的面点食品或物料的冷藏或冷冻工作；大小可根据实际使用需要而定。

图2.30　冻库

任务测试

一、多项选择题

1. 现在已被广泛运用的中餐面点成型设备有（　　）。

　　A. 饺子机　　　　　　　　B. 包子机　　　　　　　　C. 馒头机

　　D. 花卷机　　　　　　　　E. 汤圆机

2. 冻库相比其他冷藏冷冻设备技术性更强，一般在（　　）会使用。

　　A. 中央厨房　　　　　　　B. 速冻食品生产商　　　　C. 大型饭店

　　D. 食堂　　　　　　　　　E. 快餐店

二、简答题

1. 中餐面点中常用的辅助设备有哪些？

2. 中餐面点中常用的案板、绞肉机、搅拌机和炉灶有哪些？

任务2　中餐面点常用工具

2.2.1　辅助用具

1）面筛

常见的面筛为钢筛（图 2.31），通常用于干性原料的过滤，以去除粉料中的杂质和使粉料蓬松，也可用来擦制泥蓉、去除豆皮等。

2）抹刀

抹刀（图 2.32）通常为不锈钢材质，可根据需要选用长短规格，西点中运用较多，用作夹馅或涂抹膏料、酱料等，是蛋糕裱花的必备工具。

图 2.31　钢筛

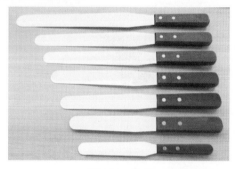

图 2.32　抹刀

3）馅挑

馅挑可分为不锈钢馅挑（图 2.33）和竹馅挑（图 2.34），主要用于上馅。

图 2.33　不锈钢馅挑

图 2.34　竹馅挑

4）切刀

切刀（图 2.35）在中餐面点中主要用于切面剂、馒头，也用来切配馅料。以不锈钢材质、较一般切菜刀小巧的长方形刀具为佳。

5）色刷

色刷（图 2.36）是用来给面点制品上（弹）色的工具，目前市面上暂无此类专门用具，通常用牙刷代替。

图 2.35 切刀

图 2.36 色刷

6）刷子

刷子（图 2.37）多用于给面点制品刷油或刷蛋液以及给蒸格、烤盘等用具刷油。

7）喷壶

喷壶（图 2.38）也称洒水壶，主要用于面点半成品的保湿，也可用作面点喷色。

图 2.37 刷子

图 2.38 喷壶

8）剪刀、梳子、镊子等

剪刀（图 2.39）、梳子（图 2.40）、镊子（图 2.41）等主要用于花式面点的制作。

图 2.39 剪刀

图 2.40 梳子

图 2.41 镊子

2.2.2 计量工具

计量工具主要用于重量、温度、长短等的测量。

1）台秤

台秤（图 2.42）也称磅秤，属于弹簧秤，通常最小称量为 5 克，最大称量为 8 千克，主要用于面粉等量大原料的称量。

2）精密天平秤

精密天平秤（图 2.43）的最小称量通常为 1 克，主要用于泡打粉、小苏打、塔塔粉等量少原料的称量。

图 2.42　台秤

图 2.43　精密天平秤

3）量杯

量杯有不锈钢、塑胶等材质，最常用的是塑料量杯（图 2.44），是针对水、油等液体原料的计量工具。

4）量勺

量勺（图 2.45）规格不一，各种大小配套，也可根据实际需要定制，常作为干性调味原料的计量工具。

图 2.44　塑料量杯

图 2.45　量勺

5）尺子

尺子（图 2.46）常作为测量面皮大小、面条长短等的工具。

图 2.46　尺子

6）电子温度计

中餐面点中常用电子温度计（图 2.47）来测量室温、油温、面团温度等。

图 2.47　电子温度计

2.2.3　皮坯制作用具

1）擀面杖

擀面杖是擀面用的木棍，是面点制作中不可缺少的工具，样式非常多，如单手杖、双手杖、橄榄杖、通心槌等，其用途也各有不同。

（1）单手杖

单手杖（图2.48）即短擀面杖，使用时单手握杖。在中餐面点中使用最多，常用来擀制饺子皮、包子皮等。

图 2.48　单手杖

（2）双手杖

双手杖（图2.49）即长擀面杖，使用时双手握杖。通常用于擀制手工面条、手工抄手皮等。随着机械化的程度越来越高，双手杖的使用频率越来越低。

图 2.49　双手杖

（3）橄榄杖

橄榄杖（图2.50）的长短同单手杖，呈橄榄形，中间粗两端细，是擀制呈荷叶边形状的烧麦皮的专用工具，也可用来擀饺子皮、包子皮等。

图 2.50　橄榄杖

（4）通心槌

通心槌（图2.51）也称滚筒、面槌，主要用于擀制量大、形大的面皮，相对较为省力。

图 2.51　通心槌

2）刮板

刮板（图2.52）也称面刀、面铲，主要有不锈钢和塑胶两种材质，塑胶刮板又有软质和硬质之分。主要作为和面工序的辅助工具，完成一些"铲"和"切"的动作，另外还可用于清洁案板、烤盘等。

图2.52　刮板

3）打蛋器

打蛋器（图2.53）也称蛋抽，通常为不锈钢材质，有不同大小的规格。主要用于搅打蛋液、奶油等。

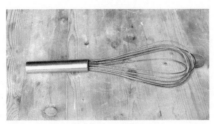

图2.53　打蛋器

2.2.4　成型用具

1）套模

套模（图2.54）也称卡模，是一种固定大小、花纹等的模具，样式繁多，用作面片切割成型、花色面点成型等，以不锈钢材质为佳。

图2.54　套模

2）印模

印模（图2.55）的凹部刻有各种各样的图案，可根据需要自制或定做，常见的材质有木制和塑料两种。月饼、绿豆糕、饼干等面点表面的浮雕式图案就是用印模印出来的，将面点坯团填入印模内，经压制、刮平后取出即可。

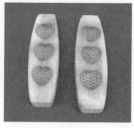

图 2.55 印模

3）盒模

盒模也称胎模，将面点半成品装入模具进行加热熟制后形成模具的形状，常见的有纸模、金属模（图 2.56）、锡箔纸模等。一般来说，纸模属于一次性使用，金属模和锡箔纸模可再次使用；纸模主要用于蛋糕的成型，金属模和锡箔纸模主要用于蛋糕、蛋挞、土司等的成型。

图 2.56 金属盒模

4）裱花嘴、裱花袋

裱花嘴（图 2.57）多为不锈钢材质，锥顶形状多样，通过裱花嘴的变化即可挤出不同的形状。裱花袋常见的材质有帆布（图 2.58）、塑料（图 2.59）和纸质，呈三角形，装上裱花嘴后填入膏糊等材料即可进行裱花造型或面点成型。

5）花钳

花钳（图 2.60）主要用于面点造型，可制作花边、花瓣等。

图 2.57 裱花嘴　　　　　　　　图 2.58 帆布裱花袋

图 2.59　塑料裱花袋

图 2.60　花钳

2.2.5　成熟用具

1）锅具

锅具有铁质、不锈钢、铜质、铝质等材质，其中铁质、不锈钢和铜质锅具使用较多。面点中会用到的锅具包括：用于炒馅心、炸制面点等的炒（炸）锅（图 2.61），用于蒸、煮面点等的水锅，用于煎、烙、贴面点等的平底锅（图 2.62），用于熬粥、制汤面臊等的汤锅（图 2.63），用于制作蛋烘糕的专用小铜锅（图 2.64）等。

图 2.61　炒（炸）锅

图 2.62　平底锅

图 2.63　汤锅

图 2.64　小铜锅

2）蒸笼

蒸笼也称笼屉、蒸格，有竹笼、木笼、铝笼、不锈钢笼等材质，有圆形、方形等形状，是蒸制品成熟所需的用具。现在使用相对较多的蒸笼为不锈钢笼和竹笼。

（1）竹蒸笼、木蒸笼

竹蒸笼（图 2.65）和木蒸笼（图 2.66）的保温性能较好，制品底部柔软，表面无水分，但传热相对较慢，尤其适用于凉蛋糕等面点的制作，广泛应用于市面上的特色蒸点。

（2）不锈钢蒸笼

不锈钢蒸笼（图 2.67）蒸制品底部较硬，表面有水蒸气，但传热较快，便于清洗，使用寿命较长。

图 2.65　竹蒸笼

图 2.66　木蒸笼

图 2.67　不锈钢蒸笼

3）烤盘

烤盘（图 2.68）大多为长方形，是烘烤面点的重要用具。

图 2.68　烤盘

4）炉灶用具

炉灶用具是指在灶上工作时经常会用到的工具：如炒馅心时需用到炒勺（图 2.69）；煮制品、炸制品捞出时需用到漏勺（图 2.70）；翻动煎制品、烙制品时需用到锅铲（图 2.71）；翻动炸制品、捞夹面条时需用到长竹筷（图 2.72）等。

图 2.69　炒勺

图 2.70　漏勺

图 2.71　锅铲

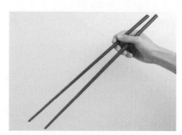

图 2.72　长竹筷

一、判断题

1. 蒸制面点成熟时，需要立即关火并打开锅盖，取出制品。　　　　　（　　）
2. 面筛可用来擦制泥蓉、去除豆皮等。　　　　　　　　　　　　　（　　）
3. 套模以不锈钢材质为佳。　　　　　　　　　　　　　　　　　　（　　）
4. 铝蒸笼是目前餐饮企业广泛使用的蒸笼。　　　　　　　　　　　（　　）

二、简答题

1. 常用的中餐面点工具有哪些？
2. 常用的中餐面点工具各有什么特点？

任务3　自制设备与工具

自制设备与工具是已有面点设备与工具的一种补充，当我们的创意想法等无法用已有的设备与工具达成时，就必须通过自制来实现。一般来说，能自主完成研发和制作的多为工具。

2.3.1　自主研发制作

自主研发制作是指根据自己的想法进行设计制作，比如面塑刀（图 2.73）、雕刻刀、馅挑（图 2.74）、竹（木）筷子、擀面杖、粉瓢、蒸笼、卡模（图 2.75）、裱花袋、炸篮（图 2.76）等。

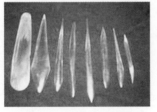

图 2.73　自制面塑刀
（尺子磨制）

图 2.74　自制馅挑
（木片削制）

图 2.75　自制卡模（深瓶盖）

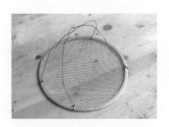

图 2.76　自制炸篮（烤网）

2.3.2　与专业设备公司共同研发制作

专业设备或器具公司有专门的技术人员，可将我们的想法告诉对方，专业技术人员会把想法延伸下去，从而研发制作出符合甚至超越我们想法的设备或器具。近年来餐饮行业对高效、节能、环保和标准化型的设备和器具方面有较多需求，比如电脑程控蒸汽设备（图2.77）、电炉灶、量勺、量杯、模具、锅具、刀具等。随着科学技术的发展，将会有更多更先进的设备问世。

图 2.77　电脑程控蒸汽柜

简答题

1. 你还能设计出哪些工具？

2. 中餐面点行业需要哪些工具或设备以满足发展的需要？

项目3　中餐面点原料

【职业能力目标】

☐ 了解中餐面点皮坯原料、辅助原料、馅（臊）原料的种类；
☐ 熟悉中餐面点常用原料的性质和用途；
☐ 根据实际情况合理选料。

丰富多彩的食物原料构成了中餐面点的基础。

任务1　皮坯原料

皮坯原料是指用于调制面团或直接制作面点的主要原料，要求具有韧性、延伸性、可塑性和可食性。符合这些性质的原料主要有面粉、米及米粉、杂粮、淀粉、果蔬等（图 3.1）。

图 3.1　各种皮坯原料

3.1.1　面粉

面粉由小麦磨制而成，是皮坯的主要原料，含有碳水化合物、蛋白质、脂肪、矿物质、水分和少量维生素、酶类等化学成分。通常按照加工精度、湿面筋含量和用途进行分类，这里按照我国现行的面粉等级标准（即加工精度）来进行介绍。

1）特制粉

特制粉也称富强粉，包括特制一等粉和特制二等粉，主要由小麦中心部分的胚乳制成，加工精度高，出粉率低，色白，手感细腻，滑爽，面筋含量高，抓一把面粉捏紧后再松开较容易崩散。适合制作高档品种和筋性品种，如高级席点、北方水饺（图3.2）、面包（图3.3）等。

图 3.2　北方水饺

图 3.3　面包

2）标准粉

标准粉也称标粉，由小麦胚乳、糊粉层制成，出粉率高，粉色微黄，粉粒较粗，面筋含量较多，手捏紧后再松开粉块似散非散，广泛用于制作中式面点，如包子（图3.4）、抄手（图3.5）、饺子、面条等。

图 3.4　包子

图 3.5　抄手

3）普通粉

普通粉也称普粉，由小麦胚乳、糊粉层、部分皮层制成，粉色较深，组织较粗，面筋含量少，用手捏紧松开后成坨，适用于制作饼干（图3.6）、蛋糕（图3.7）、酥、派等松软、酥脆的面点。

图 3.6　饼干

图 3.7　蛋糕

4）其他面粉

（1）调和粉

调和粉是指在面粉中加入其他食品添加剂后可直接用来制作面点品种或添加钙、铁、核黄素等以增强面粉某方面营养的一类调和粉料，常见的有自发粉、强化粉等。

（2）全麦面粉

全麦面粉简称全麦粉，是用小麦粒研磨而成的面粉，含有丰富的维生素 B1、B2、B6 及烟酸，营养价值较高。

> 通常面团面筋质量和工艺性能的评价指标包括弹性、韧性、延伸性、可塑性和比延伸性。弹性是指面团被压缩或拉伸后恢复原来状态的能力；韧性是指拉伸面团时所表现出来的抵抗力；延伸性是指面团被拉长到某种程度而不断裂的性质；可塑性是指面团被压缩或拉伸后状态不再恢复的能力，即保持被塑形状的能力（一般而言，弹性、韧性越强，可塑性越差）；比延伸性是以面团每分钟能自动延伸的长度来表示的。

3.1.2　大米及米粉

大米是中餐面点的主要皮坯原料，由稻谷脱壳碾制而成，按粒质可分为籼米、粳米和糯米。

1）籼米

籼米（图 3.8）是我国出产量最大的大米，色泽灰白，半透明，呈细长形，吸水性强，出饭率高，黏性弱，骨力强，直链淀粉含量高，是制作发酵面团的最佳原料，如果酱白蜂糕（图 3.9）等。

图 3.8　籼米

图 3.9　果酱白蜂糕

2）粳米

粳米（图 3.10）呈透明或半透明状，粒形短圆，吸水性、出饭率、黏性、骨力及直链淀粉含量均介于籼米和糯米之间，成饭柔软香甜，成粥质稠香黏（图 3.11）。

图 3.10　粳米

图 3.11　粳米粥

3）糯米

糯米也称江米，色泽乳白不透明，熟制阴干后有透明感，有籼糯（细长形，图3.12）和粳糯（短圆形，图3.13）之分，吸水性较弱，出饭率低，黏性强，主要含支链淀粉，成品具有软、糯、黏、韧的特点。常用于制作汤圆（图3.14）、醪糟、八宝饭等，不能制作发酵面团。

图 3.12　籼糯

图 3.13　粳糯

图 3.14　汤圆

制作汤圆面团时，适量加入一些热水可使其黏性增加、韧性增强，从而便于成型和保管。

值得注意的是，大米所含的蛋白质、碳水化合物等营养成分与小麦粉基本相同，但两者所含的蛋白质和淀粉的性质却不相同。米粉不能形成"面筋"，不具有麦粉面团的工艺性能，不能制成与小麦粉制品具有相似特点的产品。大米中的淀粉主要为直链淀粉和支链淀粉，直链淀粉含量高的大米及其制品的成品黏性较小，易变硬，而支链淀粉含量高的大米及其制品的成品黏性大，柔软，不易变硬，也不利于发酵。

4）米粉

米粉按磨制方法可分为干磨粉、湿磨粉和水磨粉。

（1）干磨粉

干磨粉（图3.15）含水量较少，保管方便，不易变质，但粉质较粗，滑爽软糯性差，色泽较暗，适宜制作一般性的糕团及象形点心。

图 3.15 干磨粉

（2）湿磨粉

湿磨粉较干磨粉更细腻，口感软糯，但含水量较多，难以保管，适合制作年糕等一般糕团。

（3）水磨粉

水磨粉（图3.16）粉质非常细腻，吃口滑糯，但含水量高，很难保管，不宜久藏，只能随磨随用。随着食品工业的发展，目前已可将水磨粉精制成水磨干粉，如各种汤圆粉、糯米粉等。水磨粉适合制作特色糕团，如汤圆、麻圆、叶儿粑等，以及三鲜米饺、熊猫戏竹、金鱼闹年等造型面点。

图 3.16 水磨粉

3.1.3 其他皮坯原料

中餐面点常用的皮坯原料中，除了面粉、大米及米粉外，还有玉米及玉米粉、红薯、土豆、澄粉、蔬果、莜麦、荞麦、小米、高粱、大豆、芋头、山药等，这里将选取更常用的原料进行介绍。

1）玉米及玉米粉

玉米及玉米粉是中餐面点中常用的杂粮原料，有白色（图3.17）、黄色（图3.18）、黑色、杂色等品种。人们常用玉米粉制作玉米馒头、玉米花卷、玉米窝窝头（图3.19）、饼干、糖果等，用水果玉米粒、甜玉米罐头、玉米糁、快餐玉米粉等制作玉米饼（图3.20）、玉米烙、玉米汤羹等。需要注意的是，纯玉米粉不易成团，一般不单独使用，尤其是调制发酵面团，需要与面粉或糯米粉搭配使用。

图 3.17　白玉米

图 3.18　黄玉米

图 3.19　玉米窝窝头

图 3.20　玉米饼

2）红薯

红薯也称红苕、地瓜、甘薯、番薯等，有红心（图3.21）、白心、紫心（图3.22）等品种，是薯类皮坯常用原料，淀粉含量高，味甜。中餐面点中常用红心红薯和紫心红薯，又以下窖存放后的红薯品质为佳——质地软糯、水分少、味甜。红薯常被加工成红薯泥后与汤圆粉或熟面粉揉成面团，制作红薯饼（图3.23）、苕枣（图3.24）等，也可直接用红薯泥制作布丁、饮料、糕点、夹馅料等。另外，取红薯漂亮的颜色，还可制成黄红色和紫色面团用来制作面点，如紫薯面条（图3.25）、紫薯粉条、紫薯蛋糕（图3.26）、红薯抄手等。紫心红薯中含有丰富的硒元素和花青素，在国际、国内市场十分走俏，紫心红薯点心也深受人们的喜爱。

图 3.21　红心红薯

图 3.22　紫心红薯

图 3.23　红薯饼

图 3.24　苕枣

图 3.25　紫薯面条

图 3.26　紫薯蛋糕

3）土豆

土豆（图 3.27）也称洋芋、马铃薯、山药蛋，常见的有山洋芋和坝洋芋两个品种，是薯类皮坯常用原料。制作中餐面点以淀粉重、质软、水分少、个大的山洋芋为佳，常制成土豆泥使用。制作土豆饼（图 3.28）、象生土豆梨等品种时，需要加入熟面粉或糯米粉，只是添加量远小于红薯面团。还可切成丁或丝制作成土豆烙（图 3.29）等。

图 3.27　土豆

图 3.28　土豆饼

图 3.29　土豆烙

4）澄粉

澄粉（图 3.30）也称小麦淀粉，是面粉去面筋蛋白后提取出来的剩余物。粉色洁白，质地细滑，吸水性强，无筋力，多用沸水调制成团。熟澄粉面团可塑性好，制品成熟后呈半透明状，常用于制作象形面点，如水晶白菜饺、虾饺等。用于蒸则口感滑爽，用于炸则脆香可口。

图 3.30　澄粉

由于澄粉属于淀粉，故调制面团需用热水或沸水。

5) 果蔬

用于制作中餐面点皮坯的果类原料主要有马蹄（图 3.31）、红心火龙果、板栗等，蔬菜原料主要有南瓜（图 3.32）、胡萝卜、紫甘蓝、菠菜等，主要将其制成泥、粉、浆或取汁等，再与面粉、糯米粉等掺和调成面团（浆），制成糕（图 3.33）、饼（图 3.34）等。

图 3.31　马蹄

图 3.32　南瓜

图 3.33　马蹄糕

图 3.34　南瓜饼

任务测试

一、名词解释

1. 皮坯原料

2. 澄粉

二、多项选择题

1. 面粉按现行国家等级标准可分为（　　）。

　　A. 特制粉　　　B. 标准粉　　　C. 普通粉　　　D. 调和粉　　　E. 全麦面粉

2. 大米按粒质的不同可分为（　　）。

　　A. 籼米　　　　B. 粳米　　　　C. 糯米　　　　D. 黑米　　　　E. 香米

3. 衡量面团面筋工艺性能的指标有（　　）。

　　A. 弹性　　　　B. 韧性　　　　C. 延伸性　　　　D. 可塑性　　　　E. 比延伸性

三、判断题

1. 粒形细长，粒色透明或半透明，似蜡状的大米被称为籼米。　　（　　）

2. 普通面粉适合制作面条、包子、馒头等大众面点。　　（　　）

3. 面粉与米粉中的蛋白质性能相同，可调制成相似的面团。　　（　　）

四、简答题

1. 中餐面点的皮坯原料有哪些?

2. 不同面粉的使用有何差异?

3. 简述米粉的分类及特点。

任务2 辅助原料

3.2.1 糖

1) 蔗糖

蔗糖是由甘蔗、甜菜榨取而来的,中餐面点中较常使用的有白砂糖、绵白糖、糖粉、冰糖、红糖等。

(1) 白砂糖

白砂糖 (图3.35) 简称白糖、砂糖,蔗糖纯度较高,含糖量在99%以上,为晶状体。根据晶粒大小可分为粗砂糖、中砂糖、细砂糖。其中,细砂糖溶解较快,在中餐面点中运用得较为普遍。

可根据需要用绞磨机或擀面杖将白砂糖磨细后使用。

图3.35 白砂糖

(2) 绵白糖

绵白糖 (图3.36) 晶粒细小,均匀,颜色洁白,在制糖过程中加入了约2.3%的转化糖浆 (蔗糖在酸的作用下加热水解生成的含有等量葡萄糖和果糖的糖溶液),质地绵软、细腻。绵白糖的蔗糖纯度低于白砂糖,含糖量为98%左右,甜味较白砂糖高。

图3.36 绵白糖

（3）糖粉

糖粉（图 3.37）是将粗砂糖磨成粉末，为了防止其结块，加有少量淀粉的蔗糖制品。糖粉体轻，溶解快，适用于含水量少、搅拌时间短的面点产品（如混酥制品），也常用作装饰材料。

图 3.37　糖粉

（4）冰糖

冰糖是一种纯度高、晶体大的蔗糖制品，由白砂糖融化后再结晶而成，因形似冰块而得名，常见的有单晶冰糖（图 3.38）和块状冰糖（图 3.39）。可用来制作馅心，如冰橘馅，用来制作糖色效果也较其他糖更好。

图 3.38　单晶冰糖　　　　　　　　　图 3.39　块状冰糖

（5）红糖

红其呈黄褐色，属于土制糖，即以甘蔗为原料，用土法生产的蔗糖，有红糖粉（图 3.40）、片糖（图 3.41）、碗糖（图 3.42）、糖砖（图 3.43）等之分，容易吸湿溶化，味道浓郁。可用于熬制酱油、制作豆沙馅等，也常用于蛋烘糕面团的调色等。

图 3.40　红糖粉　　　　　　　　　　图 3.41　片糖

图 3.42　碗糖　　　　　　　　　　　图 3.43　糖砖

2）糖浆

（1）蜂糖

蜂糖（图 3.44）即蜂蜜，是一种天然糖浆，为黏稠、透明或半透明的胶体状物质，味道很甜，含有多种蛋白质、维生素、有机酸、矿物质及生理活性物质。因蜜源不同，颜色和风味存在一定差异。中餐面点中常用来制作果酱白蜂糕、蜂蜜蛋糕（图 3.45）等特色面点。

图 3.44　蜂糖

图 3.45　蜂蜜蛋糕

（2）饴糖

饴糖（图 3.46）也称麦芽糖、糖稀、米稀，是以淀粉为原料，经淀粉酶水解而成的。色泽淡黄且透明，呈浓稠浆状，甜味较淡，存放时间较长。饴糖除了可增加制品的色泽以外，还可充当黏合剂，在制作米花糖、沙琪玛等时运用较多，一般稀释后再使用，能改善制品的润滑性和抗晶体性，使制品滋润绵软，如用来制作浆皮面团（图 3.47）月饼。

图 3.46　饴糖

图 3.47　浆皮面团

3）糖在面点中的作用

（1）增加滋味，提高营养价值。

（2）提高制品色泽和香味。

（3）改变面团的组织结构，使成品具有松软、膨胀等特点，如蛋糕。

（4）调节面团的发酵速度，同时也为酵母的生长和繁殖提供营养成分。

（5）延长产品的保质期。糖的高渗透压作用能抑制微生物的生长和繁殖，从而增加产品的防腐能力。不过，少量的糖添加量无法实

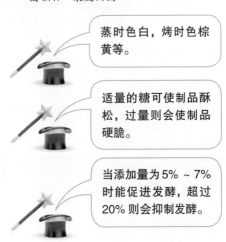

蒸时色白，烤时色棕黄等。

适量的糖可使制品酥松，过量则会使制品硬脆。

当添加量为 5%～7% 时能促进发酵，超过 20% 则会抑制发酵。

现，只有在重糖产品中才会有延长保质期的作用，如蛋糕、月饼等。

（6）装饰美化产品。用糖类来装饰美化产品已经运用得越来越广泛，主要是借助砂糖粒晶莹闪亮的质感、糖粉洁白如霜的颜色和轻柔质感，或撒或覆盖或平铺，均可收到一定的装饰美化效果。

加糖的面团不宜久揉，否则韧性会增强。

由于糖具有脱水性，能影响面筋的吸水能力，因此面团中加糖可适当考虑减少用水量。

3.2.2 油脂

1）猪油

猪油可分为板油、脚油（即动物体内贴着内脏的脂肪）、网油、肥膘肉油等，以板油质量最佳，使用最多。猪油色白味香，起酥性好，人们常用经过氢化处理、提升可塑性和颜色后的工厂猪油（图3.48）制作面点酥皮，用自制猪油（图3.49）调制馅料、面臊、汤羹等。

图 3.48 工厂猪油

图 3.49 自制猪油

（1）自制猪油的方法

自制猪油的方法如表3.1所示。

表 3.1 自制猪油的方法

分 类	制作方法	优 点	缺 点
干熬油	不加水、不加油，将生猪油切成小丁后直接下锅熬，直至吐油	油香	色黄
水熬油	生猪油切大块，加少量清水一起熬制，直至水分干后会陆续吐油	色白、味香、出油量高、含水量少	熬制时间偏长
油熬油	生猪油切大块，加油一起熬至吐油	速度快、味香	色差
蒸汽油	生猪油切小块放入盆内，入笼蒸至吐油	色白	香味差、水分重

（2）猪油在中餐面点中的常见用法

①调制馅心。由于猪油冷时为固态，热时为液态，用来调制馅心既便于包制，成熟后又能得到滋润滑爽的口感。其中水熬油、蒸汽油更适合调制甜味馅心，干熬油、

油熬油更适合调制咸味馅心。

②调制面团。将猪油以不同形式加入面团中，可形成不同工艺的面团面性，常使用工厂猪油。

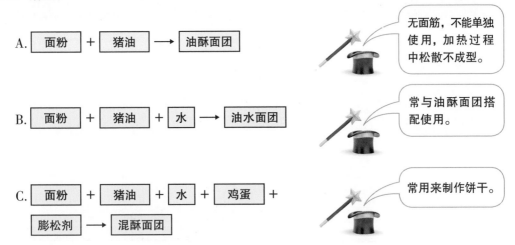

A. 面粉 + 猪油 ⟶ 油酥面团

> 无面筋，不能单独使用，加热过程中松散不成型。

B. 面粉 + 猪油 + 水 ⟶ 油水面团

> 常与油酥面团搭配使用。

C. 面粉 + 猪油 + 水 + 鸡蛋 + 膨松剂 ⟶ 混酥面团

> 常用来制作饼干。

③利用猪油的起泡性制作一些膨松类面点，常使用工厂猪油。

④利用猪油的油温使酥点等制品成熟，常使用自制猪油。

2）菜籽油

菜籽油（图 3.50）是用油菜籽压榨而成的一种食用油，是我国主要的食用油之一，有"东方橄榄油"的美誉。色金黄或棕黄，具有特殊的青气味。

在中餐面点中，菜籽油常扮演着以下角色：

①制作红油。

②制作凉面。

③调制馅心。主要取其特殊的香气，如在牛肉焦饼馅心中加菜籽油使其具有特殊的香气。

> 用菜籽油制作的红油更加香醇浓厚。

④利用油温使制品成熟，赋予制品特殊的香气和橙黄的颜色。

> 给白色的面条赋予金黄的色泽。

图 3.50 菜籽油

图 3.51 锅盔

⑤调制面团。常用生菜籽油和面粉做成抓酥，用来制作锅盔（图 3.51），用熟菜籽油和面粉制成油酥面团，用来制作清真酥点等。

3）色拉油

色拉油（图 3.52）是菜籽油经脱色、脱味、脱烟后制作而成的，可直接食用，常用来炸制面点，也可代替菜籽油制作面点。

4）黄油

黄油（图 3.53）是从鲜牛乳中分离出来的乳脂肪，其乳脂肪含量约为 80%，水分含量约为 16%，具有特殊芳香和营养价值。由于黄油具有良好的起酥性、可塑性和乳化性，因此在中餐面点中应用广泛，如作为酥性制品的起酥油，或少量加入面团中以改善面团性质，或直接作为面点的涂抹原料等。

图 3.52　色拉油

图 3.53　黄油

3.2.3　蛋

蛋有鲜蛋、蛋制品、再制蛋等之分，这里主要介绍鲜蛋，而在中餐面点中使用最多的是鲜鸡蛋（图 3.54）。

图 3.54　鲜鸡蛋

中餐面点中使用鲜鸡蛋，主要是利用蛋清的起泡性、蛋黄的乳化性、蛋的热凝固性，以及蛋清、蛋黄的漂亮颜色。

> 蛋清是一种亲水胶体，经高速搅打可裹吸空气，形成泡沫，由于其表面张力的作用，泡沫会呈球形，在面点中可起到使制品质地膨松、体积增大的作用，如

凉蛋糕等。

　　蛋黄中含有的卵磷脂具有亲水、亲油的双重性能，是一种天然的乳化剂，搅拌后能使油、水和其他原料均匀地融合在一起，使面点制品的组织更细腻，质地更均匀，口感更疏松。

　　蛋清在 58 ℃时开始凝固，80 ℃时可完全凝固，蛋黄在 100 ℃时完全凝固。人们常在一些烘焙面点的表面刷一层蛋液，可增加制品表面的光亮感和脆性。

　　另外，由于鸡蛋的营养十分丰富，消化吸收率高，属于优质食品，因此将其加入面点中可提高产品的营养价值。利用蛋清、蛋黄凝固后的亮白、亮黄色，可起到美化面点的作用，如作为四喜蒸饺的填馅使用。

3.2.4　乳

　　中餐面点中常用的乳品有鲜乳（图 3.55）、奶粉（图 3.56）、炼乳（图 3.57）、淡奶、鲜奶油（图 3.58）、奶酪、酸奶等。其中，鲜乳中最常使用的是牛奶，炼乳中使用较多的是甜炼乳。动物性鲜奶油一般不含糖，植物性鲜奶油通常含糖。乳品具有很高的营养价值，能提升面点的营养价值，改善面团的工艺性能，使面点制品表面更白亮、口感更柔软。

图 3.55　鲜乳

图 3.56　奶粉

图 3.57　炼乳

图 3.58　鲜奶油

3.2.5 其他辅助原料

辅助原料的添加量较小，但在中餐面点中却起到了神奇的效果。

1）食盐

食盐（图3.59）在面点中除了具有增香、提鲜、助酸、助甜的作用以外，还有重要的辅助功能。

① 增加面团面筋含量，使面团质地紧密，更富有弹性和延展性，一方面能使制作出的成品发白、耐煮，另一方面能增加面团的持气能力，改善制品的色泽。

② 调节面团发酵速度，抑制杂菌生长。

碱也具有增加面筋，使制品发白、耐煮的作用。但使用碱增筋时，面粉中的营养物质也会遭遇一定程度的损坏。

当添加量超过1%，即可达到抑制面团发酵速度的目的。

图3.59 食盐

2）膨松剂

膨松剂是指能够使食品体积膨大、组织疏松、柔软或酥脆的一类添加剂。它能在一定条件下产生气体，使制品内部形成致密、均匀、多孔的组织。常见的膨松剂制品有馒头（图3.60）和油条（图3.61）。

图3.60 馒头

图3.61 油条

（1）生物膨松剂

生物膨松剂是指以各种形态存在的品质优良的酵母。鲜酵母（图3.62）含水量为65%~80%，低温干燥后成为干酵母（图3.63）。鲜酵母的使用量一般为3%~9%，干酵母的使用量一般为1%~3%。酵母发酵的适宜温度为25~32 ℃，最佳温度为28 ℃。水是酵母生长繁殖的必需物质，许多营养物质都需要借助水作为介质才能被酵母所吸

图 3.62　鲜酵母

图 3.63　干酵母

收利用，因此加水量较多的软面团发酵速度更快。

（2）化学膨松剂

化学膨松剂为白色粉末状物质，在干燥的空气中相当稳定。

①小苏打。单质膨松剂，化学名为碳酸氢钠，在中餐面点中的作用是：受热自然分解产生二氧化碳气体，同时还可与面团中的酸性物质反应产生二氧化碳气体。

用以中和酵种面团的酸味时，pH 值应控制在 5 ~ 6 的范围内。

②臭粉。单质膨松剂，化学名为碳酸氢铵，具有氨臭味，对热不稳定，在空气中易风化，35 ~ 60 ℃即可完全分解，产生的气体多上冲、力大，易使烘焙食品膨松，在西饼中运用较多。

一般不单独使用，多与小苏打混合使用。

③泡打粉。复合膨松剂，由酸式盐、碱式盐和填充物组成，使用量通常为粉料的 0.5% ~ 2%。

3）面包糠

面包糠（图 3.64）是一种广泛使用的中餐面点辅料，用于粘在油炸面点表面，使制品表面酥脆，如苕饼、南瓜饼等。

4）椰蓉

椰蓉（图 3.65）常用于装饰蛋糕或某些面点制品的表面，本身具有脆性，加热后会变软变香。

图 3.64　面包糠

图 3.65　椰蓉

5）吉士粉

吉士粉（图 3.66）多用于制作甜馅，用来增香和上色，如奶黄馅等。

6）朱古力针

朱古力针有咖啡色和彩色（图3.67）两种，主要用于装饰中餐面点。

图3.66　吉士粉

图3.67　彩色朱古力针

7）凝胶剂

凝胶剂是指食品中胶体和水分凝固为不溶性凝胶状态的食品添加剂，是冻类点心的主要原料。常见的凝胶剂有琼脂粉（图3.68）、鱼胶粉（图3.69）、明胶粉（图3.70）等，在各种加工形状中以粉状最常见、使用最方便。用凝胶剂制作的点心有豌豆黄、果冻（图3.71）、象生樱桃等。

图3.68　琼脂粉

图3.69　鱼胶粉

图3.70　明胶粉

图3.71　果冻

8）食用色素

食用色素是指用于食品着色和改善食品色泽的食品添加剂，多用于调色，起到美化和增强食欲的作用。通常可分为天然色素和人工合成色素。常用的天然色素有红曲米粉（图 3.72）、菠菜粉（图 3.73）、可可粉（图 3.74）、南瓜粉、紫薯粉、草莓粉（图 3.75）等，常用的人工合成色素（图 3.76）有大红色素、胭脂红色素、绿色素、日落黄色素、柠檬黄色素、靛蓝色素、亮蓝色素等。

图 3.72 红曲米粉

图 3.73 菠菜粉

图 3.74 可可粉

图 3.75 南瓜粉、紫薯粉、草莓粉

图 3.76 人工合成色素

 任务测试

一、名词解释

1. 蔗糖

2. 生物膨松剂

3. 凝胶剂

4. 食用色素

二、多项选择题

1. 中餐面点中常用的糖有（　　）。

　　A. 白砂糖　　　　B. 绵白糖　　　　C. 糖粉　　　　D. 冰糖　　　　E. 蜂糖

2. 常见的食用天然色素有（　　）。

　　A. 红曲米粉　　　B. 柠檬黄色素　　C. 菠菜粉　　　D. 南瓜粉　　　E. 可可粉

3. 中餐面点中经常会用到鸡蛋，是因为鸡蛋具有（　　）。

　　A. 起泡性　　　　B. 乳化性　　　　C. 热凝固性　　D. 丰富的营养　E. 漂亮的颜色

三、判断题

1. 植物鲜奶油属于天然油脂。　　　　　　　　　　　　　　　　　　　　　（　　）

2. 色拉油使用十分方便，有着"东方橄榄油"的美誉。　　　　　　　　　　　（　　）

3. 糖粉色白质轻，其蔗糖含量在 99% 以上。　　　　　　　　　　　　　　　（　　）

4. 碳酸氢铵作为一种化学膨松剂多单独使用。　　　　　　　　　　　　　　　（　　）

四、简答题

1. 糖的作用有哪些？

2. 油的作用有哪些？

3. 生物膨松剂有何特点？在使用中需要注意什么？

任务3　馅（臊）原料

中餐面点的馅（臊）原料品种丰富，通常来说，凡是能用于烹制菜肴的原料均可用来制作馅心或面臊，但必须根据原料特点和面点制品的要求合理选择。通常馅（臊）原料可分为动物性原料和植物性原料两大类。

3.3.1　动物性原料

中餐面点中常用的动物性原料有猪、牛、羊、鸡、鱼、虾等。一般会取猪肉、牛肉、羊肉、鸡肉、鱼肉、虾肉等来制作馅心，或是取猪、牛、羊、鸡等的骨头来熬汤，或是用猪肉、牛肉、羊肉、鸡肉、鱼肉和虾肉等来制作面臊，猪肥肠、鸡杂等也常被用来制成经典的面臊。

1）猪

猪肉及副产品是中餐面点中使用最多的馅（臊）原料。常用猪前腿肉（图 3.77）、猪后腿肉（图 3.78）和猪五花肉（图 3.79）来制作馅心或面臊。猪前腿肉肥瘦不分，肉质较老，黏性较大，吸水性较强，适合用来制作大众面点的馅（臊），特别是水打馅。猪后腿肉皮薄质嫩，有肥有瘦，不混杂，适合制作高档面点的馅（臊）。猪五花肉肥瘦相连，肥肉多瘦肉少，嫩且多汁，适合制作大众面点的馅（臊），特别是熟馅。常用猪肥肠（图 3.80）、猪排骨（图 3.81）、猪蹄（图 3.82）、猪棒骨（图 3.83）等来制作汤面臊。用猪肥肠制作的肥肠臊子成就了四川经典小吃白家肥肠粉，猪排骨、猪蹄常被制成家常或麻辣或咸鲜味的汤面臊，猪棒骨常用作熬制基础汤料，等等。常用猪油（图 3.84）调制馅心和汤面、粉等的碗底料，猪肥膘（图 3.85）则常作为咸馅的辅助原料或制成甜馅。

图 3.77　猪前腿肉

图 3.78　猪后腿肉

图 3.79　猪五花肉

图 3.80　猪肥肠

图 3.81　猪排骨

图 3.82　猪蹄

图 3.83　猪棒骨

图 3.84　猪油

图 3.85　猪肥膘

2）牛

常见的牛肉有黄牛肉、水牛肉和牦牛肉，其中黄牛肉选用得较多，而牦牛肉的肉质更优。中餐面点中常用筋膜少、鲜嫩无异味的牛柳肉或牛腿肉（图 3.86）制作馅心和脆臊，用牛腱子肉（图 3.87）、牛金钱肚（图 3.88）制成卤牛肉、牛肚臊子，用牛腩肉（图 3.89）制成汤面臊，用牛棒骨熬制牛肉风味面点的基础汤料，如兰州拉面、花溪牛肉米粉等。

图 3.86　牛腿肉

图 3.87　牛腱子肉

图 3.88　牛金钱肚

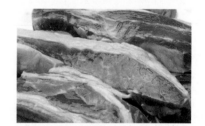

图 3.89　牛腩肉

3）羊

常见的羊肉有山羊肉和绵羊肉（图 3.90）。相比而言，绵羊肉肉质更细嫩肥美，而山羊肉膻味较浓，因此中餐面点中多选用绵羊肉。羊肉纤维较细嫩，具有特殊的风味，与猪肉和牛肉相比，膻味要重一些，使用时应用调味品去除膻味，使馅（臊）更加鲜美可口。常用羊肉制成馅心制作包子、饺子、抄手等，用羊骨、羊肉、羊杂等制成美味的羊汤，作为特色汤臊，如西昌羊肉米粉等。

4）鸡

鸡是中餐面点馅（臊）中常用的禽类原料。鸡肉蛋白质含量高，肌纤维间脂肪较多。鸡肉中的谷氨酸钠含量较高，在烹调后具有特别的鲜香味。常选用质地细嫩柔软的鸡脯肉（图3.91）制成馅心，用含肌肉较多的老鸡制成鸡汤、炖鸡等汤臊，一般以咸鲜味居多。

图 3.90　绵羊肉

图 3.91　鸡脯肉

5）鱼

多选用个体较大、肉较多、刺较少的鱼（如大马哈鱼、鳝鱼、草鱼等）制成带汤臊，比如大蒜鳝鱼面、宋嫂鱼羹面等。

6）虾

虾是一种生活在水中的节肢动物，具有很高的营养价值，成熟后呈漂亮的橘红色。虾的种类较多，中餐面点中常选用基围虾（图3.92）制作馅心或羹汤，如虾饺、大虾粥等。通常选用新鲜、肉青白、有弹性的鲜活料，使用时应注意将虾线去除，以免影响食用品质。

图 3.92　基围虾

7）蟹

多选用蟹肉或蟹黄（图3.93）来加工馅心，味道非常鲜美。用蟹黄作为馅心制作的蟹黄包（图3.94）具有制作"绝"、形态"美"、吃法"奇"的特点，是我国六大名包之一。

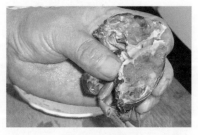
图 3.93　蟹黄

图 3.94　蟹黄包

8）金钩、火腿肠、干贝

中餐面点中主要利用金钩（图 3.95）、火腿肠、干贝的鲜美口感和美艳色泽来制作馅心或面臊，如金钩馅、火腿萝卜丝馅、海鲜臊等。

图 3.95　金钩

3.3.2　植物性原料

植物性原料的品种众多，质地、营养成分、口味等不尽相同，在中餐面点中运用广泛，如蔬菜、果品、菌类等。

1）蔬菜

蔬菜是重要的馅（臊）原料，可直接制成素馅（臊），也可与动物性原料一起制成荤素馅，还可将其榨汁后取自然之色为面团上色。

（1）小白菜

小白菜（图 3.96）脆嫩多汁，颜色青绿，常与生猪肉搭配制成白菜猪肉馅，赋予了馅心不可多得的清鲜香味，也常作为面条或粉类的搭青原料，或取其汁为面团上色，等等。

（2）菠菜

菠菜（图 3.97）颜色碧绿，多取汁为面团上色，如菠菜饺等。

图 3.96　小白菜

图 3.97　菠菜

（3）芹菜

芹菜（图 3.98）香味浓郁，可切段为鸡杂等汤面臊增香，或者切小颗粒后作为米凉粉等的调味料，也可切碎后与生牛肉或猪肉搭配制成芹菜牛肉馅、芹菜猪肉馅等。

（4）韭菜

韭菜（图 3.99）味道清香，通常将其切碎后与生猪肉搭配制成韭菜猪肉馅，或作为带汤米线等的增香辅料。

图 3.98　芹菜

图 3.99　韭菜

（5）莲白

莲白（图 3.100）软嫩多汁，略带甜味，常用来制作素馅，或与熟猪肉搭配制成莲白猪肉馅。

图 3.100　莲白

（6）萝卜

萝卜可分为白皮、红皮、青皮、心里美、胡萝卜等品种，中餐面点中多选用红皮萝卜（图 3.101）和胡萝卜（图 3.102）。红皮萝卜脆嫩多汁，味清香，常切成丝或粒后制成萝卜素馅，或与火腿搭配制成火腿萝卜馅等。胡萝卜呈橙红色或黄色，含有丰富的维生素 A，常用作馅（臊）调色，以及为面点特别是儿童面点提供营养元素。

图 3.101　红皮萝卜

图 3.102　胡萝卜

（7）豇豆

中餐面点中常用的豇豆为鲜豇豆（图3.103）和泡豇豆（图3.104）。鲜豇豆脆爽，可炒熟后制作豇豆素馅，或者与熟猪肉搭配制作豇豆猪肉馅等。泡豇豆带有特殊的泡菜风味，除了作为烂肉豇豆臊的主要原料外，也可作为面条、米线等的常用辅助调味原料。

图3.103　鲜豇豆

图3.104　泡豇豆

2）果品

果品入点，别有一番风味，多用来制作甜馅或作为增香调味原料。

（1）水果

常用西瓜、橘子（图3.105）、香蕉（图3.106）、火龙果等来制作馅料（如水果汤圆馅等）和各式果冻，也可作为装饰点缀原料。

图3.105　橘子

图3.106　香蕉

（2）干果

多用花生仁（图3.107）、瓜子仁、松子仁、杏仁、芝麻（图3.108）、核桃仁（图3.109）、葡萄干、红枣等制成甜馅（如五仁馅、核桃馅等），或作为风味特色面点（如瓜子酥、芝麻糕、核桃花卷、枣泥发糕等）原料，或将其作为面点的增香、装饰美化材料等。

图3.107　花生仁

图3.108　芝麻

图3.109　核桃仁

（3）果脯、蜜饯、果酱

冬瓜糖（图 3.110）、柿饼、青红丝等果脯和蜜饯常作为甜馅的辅助原料，或者装饰美化面点；苹果酱、草莓酱（图 3.111）等果酱常作为面点夹馅原料或面点缀饰原料。

图 3.110　冬瓜糖

图 3.111　草莓酱

3）菌类

菌类具有味道鲜美、清香爽口的特点，常用来制作风味面点的馅（臊）。

（1）口蘑

口蘑（图 3.112）味道鲜美，常用来制作馅心或汤臊，如经典川式小吃口蘑小包、口蘑面等。

（2）香菇

香菇（图 3.113）在民间被称为"山珍"，有一种特殊的香气，鲜味浓郁，常作为馅心或汤臊原料。

图 3.112　口蘑

图 3.113　香菇

（3）银耳

银耳（图 3.114）有"菌中之冠"的美称，常用来熬制银耳羹。

图 3.114　银耳

一、多项选择题

1. 下列各种动物性原料中,( )常被作为中餐面点的馅(臊)原料。

   A. 猪前腿肉　　B. 猪排骨　　　C. 牛腩　　　　D. 绵羊肉　　　E. 鲫鱼

2. 在中餐面点中植物性原料常被用来( )。

   A. 制馅　　　　B. 制臊　　　　C. 调味　　　　D. 调色　　　　E. 装饰

二、简答题

1. 常用的馅(臊)原料有哪些?

2. 猪肉不同部位的使用特点是什么?

3. 使用菌类的面点制品有哪些?

4. 干果类在面点中除了制馅,还有什么作用?

学习中餐面点

模块 3

◇在对中餐面点的设备、工具、原料等有了初步的认知后，就到了中餐面点基本功的练习阶段。下面将针对基本技法、成型工艺、制馅工艺和成熟工艺等方面逐一进行练习。来吧，同学们！让我们共同感受中餐面点所带给我们的知识和技术，甚至是一种人生态度和价值观吧！

项目 4　中餐面点基本技法

【职业能力目标】

- ❏ 熟练掌握中餐面点的各种基本技法；
- ❏ 熟记中餐面点基本技法的技术要点；
- ❏ 能举一反三运用中餐面点基本技法。

基本技法是中餐面点制作技艺中最重要的基础操作手法，只有学会了基本技法才能进一步掌握中餐面点的制作技术。

任务1　和面技法

和面是将粉料与水等原辅料掺和调制成团的过程，是整个面点制作的最初一道工序，也是最重要的环节。和面主要可分为手工和面与机器和面两种。这里主要介绍手工和面技法，可分为调和法（图4.1）、搅和法（图4.2）、抄拌法（图4.3）三种，其中调和法使用较多。

图 4.1　调和法　　　　图 4.2　搅和法

图 4.3　抄拌法

提　示

①和面要有一定强度的臂力和腕力，要有正确的姿势。

②和面动作要干净利落、迅速。

③和面时要符合面团性质的要求，要均透，不夹粉粒，且要和得干净，做到手不沾盆、面不沾缸。

4.1.1　调和法

在中餐面点制作中，常用调和法调制量较少的冷水面团和水油面团，一般右手和面，左手掺水（油），一边掺一边和。调制水油面团直接用手，调制温、热水面团时则需持工具（筷子或擀面杖）。

冷水硬面团

材料： 面粉250克、冷水100克。
用具： 面铲、码碗、湿毛巾。

冷水面团也称子面、呆面，是用冷水即常温水调制而成的面团。冷水硬面团富有弹性、韧性和延伸性，吃口爽滑、筋道。

① 准备原料（图4.4）。

② 右手除拇指外的四指并拢，微倾斜，来回在面粉中间打一个厚薄均匀的面塘（图4.5）。

图4.4 备料

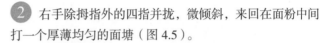

图4.5 打面塘

③ 往面塘中倒入水量的60%（图4.6）。

图4.6 加水

④ 五指张开，从内向外慢慢调和，使面粉与水结合，调成不流动的浆（图4.7）。

图4.7 抄拌调制

⑤ 双手或借助面铲将湿面粉与干粉擦成雪片状（图4.8）。

图4.8 擦成雪片

⑥ 将剩下的水均匀地洒在擦成的雪片上（图4.9）。

图4.9 洒水

⑦ 双手借助面铲，将面擦叠成团（图4.10）。

图4.10 擦叠成团

⑧ 迅速将粘在手上的面粉搓下来，达到手光（图4.11）。

图4.11 达到手光

⑨ 一边揉面，一边用面铲将案板上多余的粉粒捡揉进面团，达到案板光（图4.12）。

图4.12 达到案板光

⑩ 把面铲上的粉粒也擦揉进面团中，达到用具光（图4.13）。

图4.13 达到用具光

⑪ 将抓揉成团的面团反复揉制光洁，达到面光（图4.14）。

图4.14 达到面光

⑫ 最终达到"三光"，即面光、手光、案板光（图4.15）。

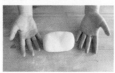

图4.15 "三光"面团

注：揉好的面团置案板上，盖上湿毛巾进行饧制（图4.16），备用。

图4.16 饧制

> **提 示**
> ①制作面团时，四周要薄厚均匀，否则在调和时所加的水容易溢出。
> ②水要分次加入，以掌握面团的软硬度，再次加水时以洒水为宜。
> ③须达到"三光"，即面光、手光、案板光。
> ④为了增加面团筋性，可加入不大于1%的食盐，使制品更筋道、更耐煮。
> ⑤调制冷水硬面团时，一般每500克面粉加水200~225克。

4.1.2 搅和法

搅和法主要用于热水面团、稀软面团和烫面团的调制。一般来说，热水面团和稀软面团在盆中调制，烫面团在锅中调制，也可根据制品对面团成熟度的要求灵活选择。

材料： 面粉500克、水450克、食盐4克。
工具： 盆子、码碗、湿毛巾。

稀软面团（春卷面团）

将面粉放入盆内，先加入大部分水调成软面团，再分次加入剩下的水调成稀面团。稀软面团延伸性较强，适宜制作春卷、拨鱼面等。

① 备料（图4.17）。

图4.17 备好的料

② 面粉过筛、纳盆，和入食盐，中间挖一个面塘（图4.18）。

图4.18 面粉过筛并加食盐

③ 加入大部分水调和成软面团（图4.19）。

④ 逐步加水，调成面浆（图4.20）。

图4.19 加水调制

图4.20 调成面浆

⑤ 五指张开顺同一个方向摔打（图4.21）。

⑥ 随着搅打，面团的筋力越来越强（图4.22）。

图4.21 顺同一个方向摔打

图4.22 打出面筋

⑦ 随着继续搅打，面团产生了明显的面筋，颜色也变白了一些（图4.23）。

图4.23 打出明显面筋

⑧ 搅打或摔打至面团提起成绳股状，细腻、光洁、不粘盆、不粘手即可（图4.24）。

图4.24 打好的面团

稀软面团品种赏析

图4.25 春卷皮　　　图4.26 大虾春卷

提　示

①根据不同面粉品牌和季节，所加水量也有所不同，一般来说水量为面粉的60%～100%。

②搅打或摔打必须顺同一个方向进行，以形成均匀的面筋。

③加食盐的目的是增加面团的筋力，但是以不超过1%为宜，若是过多，面筋会相应变脆。

材料： 面粉 250 克、热水 150 克。
工具： 炒勺、擀面杖、盆子、湿毛巾。

三生面团（鸡汁锅贴面团）

三生面团是最常用的热水面团，是用 90 ~ 100 ℃的热水调制而成的面团。

1　面粉置盆中，一手持擀面杖，一手拿热水（图 4.27）。

图 4.27　做准备

2　一边浇水，一边搅和（图 4.28）。

图 4.28　边浇水边搅和

3　用擀面杖将干粉和湿粉充分搅和（图 4.29）。

图 4.29　充分搅和

4　倒在案板上，将生熟粉充分擦匀（图 4.30）。

图 4.30　生熟粉充分擦匀

5　将小粉团抓揉成团（图 4.31）。

图 4.31　抓揉成团

6　双手配合，掌根着力，将面团由内向外擦成小面片（图 4.32）。

图 4.32　擦成小面片

8　揉成光洁的面团（图 4.34）。

图 4.34　揉好的面团

7　待温度降下来后将小粉团抓揉成团（图 4.33）。

图 4.33　降温后抓揉成团

三生面团品种赏析

图 4.35 鸡汁锅贴

全熟面团（造型饺类面团）

材料： 面粉 250 克、沸水 250 克。

工具： 炒勺、擀面杖、盆子。

全熟面团也称开水面团、沸水面团、烫面，是指用沸水与面粉调制而成的面团。先在锅中加水烧沸，然后一手拿擀面杖，一手将面粉徐徐倒入锅中，一边倒面粉一边用擀面杖快速搅拌，直至面粉全部烫熟，收干水汽，再将面团置于案板上，待散去热气后反复揉搓至面团表面光洁。调制沸水面团要在锅内进行，用的是始终保持 100 ℃的沸水，水温使面粉中的蛋白质变性，淀粉大量吸水糊化，无筋力和弹性，可塑性好。

① 称量好 250 克面粉并过筛（图 4.36）。

图 4.36 称量好面粉并过筛

② 锅中水烧开后改为中小火，并把锅中水晃一下（图 4.37）。

③ 一手持擀面杖，一手拿面粉，一边往锅中倒面粉，一边用擀面杖搅和（图 4.38）。可在水开后加入少量猪油，这样调制出的面团更加细腻、滋润。

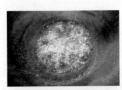

图 4.37 锅中烧水

图 4.38 一边倒面粉一边搅和

④ 直至面粉全部被烫熟，收干水汽（图4.39）。

⑤ 把锅中烫熟了的面团轻轻倒在案板上，切忌将锅巴混入面团中（图4.40）。

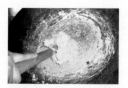

图 4.39　面粉全部烫熟

图 4.40　面团轻轻倒在案板上

⑥ 将面团擦匀，让干粉粒能够在揉搓中后熟，再摊开晾冷（图4.41）。

⑦ 晾冷的面片揉成团（图4.42）。

⑧ 将面团充分揉匀、揉透，使面团光洁细腻（图4.43）。

图 4.41　摊开晾冷

图 4.42　晾冷的面片揉成团

图 4.43　揉好的面团

全熟面团品种赏析

图 4.44　白菜饺

> ## 提　示
>
> ①锅中水烧开后转为小火，切忌用大火，否则锅底的面糊会迅速变焦，给面团带来不好的味道。
> ②面粉下锅前先把水晃一下，以免锅边的温度偏高。
> ③面粉必须过筛，以免在烫面团中夹杂生粉粒。
> ④热气一定要散尽，否则面团会借助热气继续变软。
> ⑤和好的面团必须用湿毛巾盖上备用。

4.1.3　抄拌法

将面粉放入盆中或案板上，中间挖一个面塘，加入水等辅助原料，单手或双手在面塘内由外向内、由下向上，手不沾水，以水推粉，抄拌呈雪片状，再加入少量水揉搓成面团，达到"三光"。此种和面方法既适于在盆内调制大量的冷水面团和发酵面团，也适合在案板上调制少量的冷水面团和水油面团。

材料： 面粉 250 克、水 120 克、白糖 15 克、干酵母 5 克、泡打粉 2 克。
工具： 面铲、码碗、湿毛巾。

酵母发酵面团（发酵制品类面团）

酵母发酵面团为生物膨松面团，是在面粉中加入酵母等辅料后调制而成的面团。

① 备料（图4.45）。

图 4.45　备料

② 在面粉中间挖一个面塘，将白糖和干酵母等放入面塘中（图4.46）。

图 4.46　加辅料

③ 加水，用手把白糖和干酵母在水中搅化（图4.47）。

图 4.47　加水将辅料搅化

④ 单手或双手在面塘内由外向内、由下向上，手不沾水，以水推粉（图4.48）。

图 4.48　以水推粉

⑤ 借助面铲把面抄拌呈雪片状（图4.49）。

图 4.49　抄拌呈雪片状

⑥ 面团充分揉制，使其有良好的持气性（图4.50）。

图 4.50　充分揉制

⑦ 揉至光洁后需要立即进行成型工序（图4.51）。

图 4.51　揉好的面团

酵母发酵面团品种赏析

图 4.52　金银馒头　　图 4.53　黄金大饼

提　示

①水温要适宜，春秋季宜用温水，冬季宜用温热水。
②酵母适宜生长的温度为25～32℃。
③包子面团比馒头面团要软。
④干酵母发酵面团成型后再发酵，老面面团醒发好后再成型。

任务测试

一、名词解释

1. 冷水面团

2. 三生面团

3. 全熟面团

二、判断题

1. 和面"三光"是指面光、手光、案板光。 （　　）

2. 饧面时需要盖上湿毛巾或盆子等以覆盖面团表面，防止面团表面淀粉风干、老化。 （　　）

3. 和面需要一定强度的腕力和臂力。 （　　）

4. 手工和面技法可分为调和法、搅和法、抄拌法。 （　　）

三、简答题

1. 中餐面点中常用的和面技法有哪些？各适合哪些面团的调制？

2. 调制冷水硬面团时有哪些注意事项？

3. 和面的要求有哪些？

任务2 揉面技法

揉面是指将和好的面团经过反复揉搓，使粉料和辅料调和均匀，形成柔润、光滑的面团的过程。和面后，面粉大部分吸水不均匀，面团不够柔软润滑，工艺性能达不到制品的要求，通过揉面可以促使各原料混合均匀，促进面粉中的蛋白质充分吸水形成面筋，增加面团筋力。揉面的技法包括揉、捣、揣、叠、擦等。

4.2.1 揉

揉可分单手揉（图4.54）、双手揉（图4.55）和双手交叉揉（图4.56）。揉适用范围广，通常水调面团、发酵面团、水油面团等都采用此技法。揉面时的注意事项如图4.57、图4.58所示。

图4.54　单手揉　　　　　图4.55　双手揉　　　　　图4.56　双手交叉揉

图 4.57 封口永远向自己　　　　图 4.58 让面筋在一条线上或
呈有序的交叉状（方格子）

4.2.2 捣

捣（图 4.59）是指双手紧握拳头，用掌背在面团各处向下用力捣压。

4.2.3 揣

揣（图 4.60）是指双手交叉或紧握拳头，用掌背用力往下揣压，或用手掌掌根往外推、压，有时还需要一边揣一边往面团上沾少许水。

图 4.59 捣　　　　　　　图 4.60 揣

> **提 示**
> ①捣主要针对筋力大的面团的揉制，如油条面、面条面等。
> ②揣多用于押面面团、发酵硬面团以及量较大的面团的揉制。

4.2.4 叠

叠（图 4.61）是指将配料中的糖、油、蛋、乳、水等原料混合乳化，再与粉料混合，双手配合面铲上下翻转，叠压面团，使粉料与配料层层渗透，从而黏结成团。

4.2.5 擦

擦（图 4.62）是指用掌根把面团一层一层向前一边推一边擦，推擦到前面后回卷成团，反复推擦，至面团擦匀、擦透。

图 4.61 叠　　　　　　　图 4.62 擦

> **提 示**
> ①叠的目的是防止面筋的生成，避免面团内部过于紧密，从而影响制品的酥松程度，适用于混酥面团、浆皮面团的揉制。
> ②擦可增强各原料之间的黏结，减少其松散状态，适用于干油酥面团、熟米粉面团、温（热）水面团等的揉制。

一、名词解释

1. 揉面技法

2. 捣面技法

3. 揣面技法

4. 叠面技法

5. 擦面技法

二、简答题

1. 通常使用的揉面技法有哪些？

2. 不同的揉面技法适用于哪些面团的揉制？

3. 揉面有哪些要求？

任务3 出条技法

出条是指将揉好的面团搓成长条的一种技法。取出揉好的面团，先拉成长条，然后双手的掌根压在条上，来回推搓，一边推一边搓，使条向两侧延伸，成为粗细均匀一致、光洁的圆形长条。

材料： 揉好的面团、扑粉。
工具： 面刀、湿毛巾。

② 用刀铲将面团顺切成小块（图4.64）。

图4.64 面团顺切成小块

注： 如果面团较硬，可以在搓条前先将面块捏紧实，以免搓出的条子空心（图4.66）。

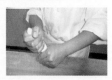

图4.66 将面块捏紧实

水饺搓条

① 取揉好的面团，用手压扁（图4.63）。

图4.63 面团用手压扁

③ 取一面块条，用掌根搓成粗细均匀的圆形长条（图4.65）。

图4.65 搓成粗细均匀的圆形长条

提 示

① 要揉搓结合，一边揉一边搓，使面团始终保持光洁、柔润。
② 两手用力要均匀，两边用力要平衡。
③ 用掌根压实推搓，不能用掌心。
④ 根据品种的不同确定出条的粗细。

一、名词解释

出条

二、判断题

1. 出条时可以不讲究面团是否光滑。 （ ）

2. 出条时多使用一些扑粉会更容易揉搓。 （ ）

三、简答题

出条过程中需要注意什么？

任务4 下剂技法

下剂是指将搓条后的面团分割成适当大小的面坯。剂子的大小要均匀，剂口要整齐，剂子的质量将直接影响擀皮和成品的形状。下剂的方法多样，主要以揪剂和剁剂运用得较多。

4.4.1 揪剂技法

下剂的好坏将直接影响制品下一道工序的操作，影响成品的形状。

揪剂也称扯剂，是在剂条搓匀后，左手轻握剂条，从左手虎口处露出相当于剂子大小的一段，用右手大拇指和食指轻轻捏住，并顺势往下前方推拉摘下一个剂子。

材料：搓好的面条、扑粉。
工具：湿毛巾。

水饺剂子

① 取搓好的面条（图 4.67）。

图 4.67　搓好的面条

② 左手轻握剂条，左手虎口露出所要剂子大小的一段，用右手大拇指和食指轻轻捏住，顺势向下前方推拉摘下一个剂子（图 4.68）。

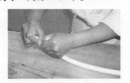

图 4.68　推拉摘下一个剂子

③ 揪下的剂子微微有点扁，可用拇指、中指和食指将其稍微搓捏成圆形（图 4.69）。

图 4.69　稍微搓捏成圆形

④ 依此法揪完剩下的条子，剂子间稍留间距，并让其在案板上站稳（图4.70）。

图4.70 有序摆放好剂子

· 压剂分解 ·

① 取出剂子，用拇指、食指和中指将剂口稍搓圆（图4.71）。

图4.71 将剂口稍搓圆

② 用掌根均匀用力压下去，要求剂口在中央，剂子厚薄一致（图4.72）。

图4.72 用掌根均匀用力压剂

双手压剂 >>>

图4.73 双手压剂

提 示

①揪剂时，左手握剂条不能握得太紧，防止压扁剂条。

②如果面团偏软，每揪下一个剂子前需要旋转90°，以保证剂子比较圆整。

4.4.2 其他下剂技法

剁剂相比切剂更干脆利落，既有共通之处，也有所差异。

1）切剂

切剂（图4.74）运用得比较多，一般来说，可以揪剂的品种同样适用于切剂。层酥面团中讲究酥层明晰的明酥面团，必须用快刀切剂。另外，有的花卷、馒头也会采用切剂方法。

2）剁剂

剁剂（图4.75）是把条子放在案板上，根据所需剂子的大小，用快刀刀跟一刀剁下。每剁下一个剂子，便往旁边挪一下，以免相互粘连。

图4.74 切剂

图4.75 剁剂

提 示

①切剂时，每切一个剂子需将条子转动90°，一来剂子不会扁，二来也不会相互粘连。剂子的大小由左手掌握，右手持刀需直切。

②剁剂时，剁下的剂子通常即为半成品，如馒头、花卷等。刀必须快，必须用刀跟，动作要快，干脆利落。

任务测试

一、名词解释

1. 揪面剂

2. 剁面剂

二、判断题

1. 揪面剂时，左手需紧握剂条，以方便操作。 （ ）

2. 剂子的形状会给下一步制皮工序带来影响。 （ ）

三、简答题

1. 常用的下剂方法有哪些？

2. 不同下剂方法在使用中有哪些注意事项？

任务5 **制皮技法**

中餐面点中许多品种需要制皮，通过制皮便于包馅和进一步成型，许多品种尤其是包馅品种（如饺子、春卷等）不经过制皮无法包馅，也无法成型。由于品种的要求不同，制皮的方法也多种多样，主要有按皮、捏皮、擀皮、压皮、摊皮等，其中以擀皮使用较多，技法较难。

揉面、出条、
下剂、擀皮

4.5.1 擀皮技法

先把面剂按成扁圆形，以左手的大拇指、食指、中指捏住左边皮边，放在案板上，右手拿擀面杖压在右边皮的 1/3 处来回滚动，左手顺势旋转，右手擀一下，左手转动一下，将面剂擀成大小厚薄均匀的圆皮即可。擀饺子皮要求四周薄、中间略厚。

材料： 下好的面剂、扑粉。
工具： 湿毛巾、擀面杖。

水饺面皮

① 取面剂，右手持擀面杖，左手拇指在上，食指和中指在下，握住面剂（图 4.76）。

图 4.76　握住面剂

② 擀面杖由外向内推进，推到剂子中间退回，推进的力由大到小，退回时不用力（图 4.77）。

③ 随着擀动，左手逆时针转动剂子（图 4.78）。

图 4.78　边擀边转

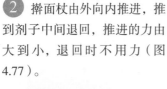

图 4.77　边推边擀

④ 擀好的面皮中间较边缘稍厚，有序摆放（图 4.79）。

图 4.79　擀好的面皮

提　示

①擀制时，擀面杖不能超过剂子的中间，用力要由重到轻。
②烧麦皮还可用橄榄杖直接擀成荷叶边，擀时应注意着力点在边上。
③包子皮的中间要厚，这主要是为了在包制（会稍微提薄一些）发酵熟制后不会漏底。

4.5.2 其他制皮技法

1）按皮

按皮是指在剂子上撒上扑粉，用右手掌根按成中间厚边缘薄的圆

面点基本功

面皮。

2）摊皮

摊皮时，平底锅或云板放置火上烧热，用少量油脂炙锅，右手持稀软面团顺势在锅内推一圈便提起，锅上就粘上了一张圆皮。这是一种比较特殊的制皮方法，技术性较高。

面团调制

图 4.80　按皮

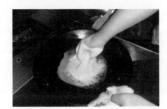

图 4.81　摊皮

> **提 示**
>
> ①按皮时需用掌根按压，不能用掌心按，否则按压的皮坯不均匀。每次旋转的角度要一致，否则擀出的皮坯不圆。
>
> ②摊皮一般用于筋性较强的稀软面团，如春卷皮的制作，是一边成型一边成熟的烹饪技法，要求大小、厚薄均匀，没有气眼。

 任 务 测 试

一、名词解释

1. 擀面皮

2. 按面皮

3. 摊面皮

二、判断题

1. 许多中餐面点品种，尤其是包馅品种，不经过制皮就无法包馅，也无法成型。

（　　）

2. 摊皮时锅中的油脂需要多一些，这样更有利于操作。　　　　　　　　（　　）

3. 擀包子面皮时一般只需要擀制面剂边缘，而不需要擀制面剂中间。　　（　　）

4. 按面皮使用的是手掌心进行操作。　　　　　　　　　　　　　　　　（　　）

三、简答题

1. 中餐面点中常用的制皮方法有哪些？

2. 擀面皮的技术要领有哪些？

项目5　中餐面点调味与馅（臊）制作工艺

【职业能力目标】

- □ 了解中餐面点调味的基本原则；
- □ 熟悉中餐面点调味的基本方法；
- □ 熟悉中餐面点常用馅（臊）的制作；
- □ 能够分清市面上众多中餐面点馅（臊）的类型。

调味是中餐面点制作的关键技术，只有不断地操练和摸索，才能掌握其规律和方法。

任务1　中餐面点调味工艺

中餐面点调味是指采用各种调味品和调味方式、方法，在面点制作的不同阶段影响原料，从而使面点具有多种味道和风味特色。

5.1.1　调味的基本原则

不同面点有不一样的风味特色，不同原料有其本身的性味，不同地域或不同年龄的人也有不同的饮食习惯和口味，这就要求操作者在为面点调味时考虑以下几个原则：

1）根据面点品种进行调味

每一道面点品种都有人们习惯的特色味道，如南瓜饼的香甜味、四川凉面的怪味、虾饺的咸鲜味等。制作者需要根据各种面点的风味进行准确调味，以保持其应有的风味特色。

有人在给担担面调味时加一些青红椒进去，甚至做成汤面，就当作是创新吧，虽然总让人感觉或多或少有些怪异。

2）根据用料进行调味

每一种原料都有其本身的性味特点，如蘑菇鲜美无比，牛羊肉膻味较重，面粉无明显味道等。制作者需要根据各种原料的性味

含有蘑菇等原料的面点，口味保持清淡、咸鲜味便可，而含有牛羊肉的面点，还需花椒、姜葱等来去除异味。

进行相宜调味，以去除异味，增进美味，确保风味。

3）根据季节进行调味

人们在不同的季节对饮食的态度有较大的不同，特别是对饮食味道的要求也不同。一般来说，人们在气温较低的季节喜欢浓厚肥美的味道，在气温较高的季节喜欢清淡爽口的味道。

比如在寒冷的冬季吃上一碗麻辣味的米粉会顿生温暖，在炎热的夏季吃一碗酸甜味的凉面会顿觉清凉。

4）根据进餐对象进行调味

根据进餐对象进行调味，就是根据不同的进餐对象进行有的放矢的调味，如年龄、性别、职业、身体状况及长期居住地域的饮食习惯等。正所谓"物无定味，适口者珍"。

例如，老年人喜欢清淡，小孩喜欢甜食，北方地区的人们喜欢偏咸口味，等等。

5.1.2　调味的基本方法

只有在熟悉调味品的基础上，才能灵活地进行调味。由于面点的味型多样而复杂，因此面点的调味方法也比较多，以淋味法、兑味法和拌味法较为常见。

1）淋味法

淋味法是根据调味品的特点，按照一定的加料顺序，或直接将各种调料淋（撒）在面点上，或将各料混合并搅拌均匀成味汁，最后淋在面点上的调味方法。常用此法调味的面点有钟水饺、凉面（图 5.1）、豆花、凉糍粑（图 5.2）等。此外，加了汤面臊的面点也属于淋（浇）味法。

图 5.1　凉面

图 5.2　凉糍粑

2）兑味法

在中餐面点调味中，兑味法常采用两种方式：一是直接打味碟配随面点上桌（图 5.3）；二是打碗底料赋予面点味道（图 5.4）。打味碟调味法，对于操作者来说非常简单方便，对于用餐者来说，自己蘸食，咸淡自知，非常灵活。常用此法调味的面点有北方水饺、月牙蒸饺、金银馒头、春卷等。

图 5.3　兑味碟供蘸食饺子

图 5.4　打好的燃面碗底料

打碗底料调味法多用于带汤面点，在没有打碗底料之前，面点本身没有味道或者只有基本味，是通过打碗底料并用汤稀释后给面点赋予味道。这种调味方法一般在售卖前再将各调味料放于碗中，也有提前将各料混合，售卖前直接按量舀入混合料的。常用此法调味的面点有担担面、肥肠粉、燃面等。

3）拌味法

此调味法主要用于馅料的调味，将馅料所需的调味品直接与原料（或半成品）拌和均匀，如包子馅、饺子馅（图 5.5）等。

图 5.5　拌饺子馅

5.1.3　常用复制调味料的调制方法

复制调味料在中餐面点中运用较为广泛，既可以增加面点的香味和色彩，又能突出面点的风味特色。常见的有复制酱油、辣椒油和豆豉蓉等。

1）复制酱油

材料1：生抽 5 000 毫升、白糖 3 000 克、葱 250 克、姜 75 克、草果 15 克、八角 15 克、山奈 5 克、水 500 毫升。

材料2：酱油 800 毫升、白糖 250 克、红糖 200 克、八角 3 克、香叶 2 克、草果 3 克、葱 30 克、姜 10 克、水 300 毫升。

制作方法：将香料用纱布包好，和其他原料一起放入锅内，用中火烧开后改用小火熬制，待水分蒸发，熬出香味，酱油浓稠，冷却后即成（图 5.6）。

注意： 如果不加水，熬制时易产生泡沫。另外红糖味浓厚，酱油较浓稠，同时伴随着一种不被现代人熟悉的特殊味道，因此常与白糖搭配使用。

用途： 可作为红油水饺、甜水面（图 5.7）、四川凉面等的调味料。

图 5.6　熬制好的复制酱油

图 5.7　甜水面

2）辣椒油

材料： 菜籽油 2 000 毫升、辣椒面 800 克、八角 3 克、香叶 2 克、大葱 30 克、姜 10 克、熟白芝麻 30 克。

制作方法： 将菜籽油入锅炼熟（滴一滴在不锈钢上，呈无色即可），放入姜（拍破）葱（挽结），当油温降至 120 ℃时，缓缓倒入辣椒面中，静置 12 小时后撒入熟白芝麻即可（图 5.8）。

注意： 制作红油辣椒面的粗细需根据具体用途而定。不同季节对辣椒油的呈辣要求也有所不同，夏季相对缓和，冬季相对浓烈。

用途： 可作为香辣味、酸辣味等面点的调味料，如红油水饺、川北凉粉（图 5.9）、担担面、凉面等。

图 5.8　辣椒油

图 5.9　川北凉粉

3）豆豉蓉

材料： 豆豉 250 克、郫县豆瓣 200 克、老干妈豆豉 100 克、色拉油 350 克、水 375 克、味精 5 克、白糖 20 克、花椒油 10 克、花椒面 5 克，香油 5 克，水淀粉 50 克。

制作方法： 豆豉和豆瓣均剁为蓉，锅中加色拉油烧热后下郫县豆瓣蓉炒香出色，接着加豆豉蓉改用小火慢慢焖香，然后掺入水炒匀，最后调入味精、白糖、花椒油、香油和花椒面，勾入少量水淀粉炒匀即可（图 5.10）。

注意： 如果制好的豆豉蓉较干，需要将其先用清水稀释后再下锅炒制。

用途： 可作为热凉粉（图 5.11）等的调味料。

图 5.10　豆豉蓉

图 5.11　热凉粉

5.1.4　常用复合味型的调制方法

调味在中餐面点中主要用于定碗底料、馅心或面臊的调制，常见的有咸鲜味、咸甜味、红油味、酸辣味、麻辣味、家常味和怪味等。中餐面点复合味型的调制相对于中餐烹饪中的调制要简单一些，而且不同于中餐烹饪中的某些复合味型的调制。

1）咸鲜味

咸鲜味可分为清汤咸鲜味和馅料咸鲜味。

（1）清汤咸鲜味调料

调料：食盐、味精、酱油、葱花、猪油、香油、鲜汤等。

注意：通常将调味品置于碗底，用鲜汤调散。酱油只需少许，鲜汤量较大，有的还会加少许胡椒粉，以提鲜增味。如调成清汤味的面条（图 5.12）。

（2）馅料咸鲜味调料

调料：食盐、味精、胡椒粉、酱油、葱花、姜末、香油、食用油等。

注意：中餐面点的咸鲜味馅料偏多，具体调制方法需根据品种情况而定，如水打馅不加酱油，不直接加姜、葱，而用姜葱水。馅料中所加油脂，以猪油为佳，但也可用其他油脂。如调成咸鲜味的芹菜肉馅（图 5.13）。

图 5.12　清汤面

图 5.13　咸鲜味的芹菜肉馅

2）咸甜味

主要用于咸甜味馅心的调制。

调料：食盐、白糖或糖色、料酒、胡椒粉、姜、葱等。

注意：多用于叉烧馅（图 5.14）、金钩馅和火腿馅等咸甜味馅料的调制。

3）酸辣味

主要用于汤类面点的调制，其中酸辣粉（图 5.15）是酸辣味面点的代表。

调料：食盐、味精、醋、酱油、辣椒油、葱花、鲜汤等。

注意：主要用于调制汤类面点的碗底料，酱油和醋都是黑褐色调味品，使用时要特别注意酱油应根据醋的添加量而定，另外也需注意"盐咸醋才酸"。

图 5.14　咸甜味的叉烧馅包

图 5.15　酸辣粉

4）红油味

主要用于调制不带汤的面点，如红油水饺（图 5.16）、红油抄手等。人们有时容易将红油味与红汤味混淆。

调料：食盐、味精、复制酱油、辣椒油、蒜泥等。

注意：调制红油味时，通常采用淋味法，先放颜色较深的复制酱油，后放蒜泥和红油，而味精和食盐一般调在复制酱油内，以便溶化。

5）麻辣味

主要用于腥膻味相对较重的原料的调味和带汤面点碗底料的调制，如麻辣味肥肠粉（图 5.17）等。

调料：食盐、味精、酱油、辣椒油、花椒面、葱花或芹菜花等。

注意：麻辣牛肉包、肥肠粉等都是麻辣味，以麻辣而不燥为宜。

图 5.16　红油水饺

图 5.17　麻辣味肥肠粉

6）家常味

主要用于汤面臊的调制，如牛肉面（图 5.18）、排骨面等。

调料：郫县豆瓣、食盐、酱油、味精、姜、蒜、葱花或香菜、芹菜、香料（八角、桂皮、香叶、草果）等。

注意：需要炒香后再掺汤熬制，熬好后把料渣打去不用，再用来烧牛肉、排骨等。舀面臊时需要连汤一起，以使面点味道更加浓郁。

7）怪味

中餐面点中担担面（图5.19）使用怪味较多。

调料：食盐、味精、白糖、酱油、醋、辣椒油、花椒面、芽菜、芝麻酱、葱花等。

注意：怪味就是咸鲜微辣，酸、甜、鲜、香兼备，还带有浓郁的芽菜香味，调制时要把握好各种调料的用量。

图5.18　家常味牛肉面

图5.19　怪味担担面

任务测试

一、名词解释

1. 面点调味

2. 淋味法

3. 怪味

二、判断题

1. 最适合中餐面点馅料调味的方法是淋味法。　　　　　　　　　　（　　）

2. 中餐面点中常用的复制调味料有复制酱油、辣椒油、豆豉蓉等。　（　　）

3. 如果剁好的豆豉蓉较干，可以用少量清水稀释后再下锅炒制。　　（　　）

4. 家常味面臊具有颜色红亮、麻辣鲜香的特点。　　　　　　　　　（　　）

三、简答题

1. 在中餐面点调味中应遵循哪些原则？

2. 中餐面点调味和中餐烹饪调味有何异同？

3. 常用的复合调味品有哪些？应如何调制？

4. 中餐面点中使用较多的味型有哪些？

|任务2 馅心制作工艺

馅心是指将各种制馅原料经过加工、拌制或熟制后，包捏或镶嵌于米面等皮坯内。

馅心是带馅面点的重要组成部分，对制品的色、香、味、形有很大的影响：一是体现制品的口味；二是影响制品的形态；三是增加制品的花色品种；四是形成制品的特色；五是调节制品的色泽。馅心按口味可分为咸馅、甜馅、咸甜馅，按原料性质可分为荤馅、素馅、荤素馅，按成熟方式可分为生馅、熟馅、生熟馅。通常来说，馅心需要单独处理后才能与皮坯组合成面点。

5.2.1　甜馅制作工艺

甜馅是指以糖为基本原料，辅以油脂、果仁、蜜饯和熟面粉等，根据不同馅料的工艺调制而成的甜味馅心。甜馅的各种原料都扮演着重要角色。

1）糖

糖是甜馅的主体，除赋予馅心甜味以外，还能增加馅心的黏结性，便于馅料成团。

2）油脂

油脂在馅心中起滋润作用，增加香味及散粒，同时还可以增加馅心的营养价值。

3）熟面粉

熟面粉可防止糖溶化后呈流体状，以预防面点塌底、漏糖而烫伤人体。

4）果仁蜜饯

果仁蜜饯对甜馅的风味起主要作用，并对馅心的调制和制品的成型、成熟有较大的影响。

糖有一定的甜度、黏稠度、吸湿性和渗透性。

馅心中熟猪油使用较多，黄油、花生油、芝麻油等也有使用。

可用糕粉（一种用熟糯米磨制而成的细粉）或淀粉代替。

一般多切成较小的形状，但不能过于细碎，否则口感不佳。

材料：黑芝麻150克、白糖500克、熟面粉150克、冻猪油180克。
工具：炒勺、炒锅、盆子、面铲、擀面杖。

黑芝麻馅

黑芝麻馅具有芝麻味浓、香甜润滑的特点。

① 黑芝麻去泥沙洗净（图5.20）。

② 下锅中小火炒制（图5.21）。

图 5.20　洗黑芝麻

图 5.21　炒芝麻

③ 炒熟后起锅，微晾冷，擀细（图5.22）。

④ 芝麻面、白糖、熟面粉、猪油按比例备好（图5.23）。

图 5.22　晾冷后擀细

图 5.23　按比例备好的料

5 混合并揉成团（图 5.24）。

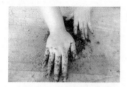

图 5.24　混合揉成团

6 做好的黑芝麻馅（图 5.25）。

图 5.25　做好的黑芝麻馅

材料： 红豆 500 克、红糖 750 克、植物油 250 克、碱水少许。

工具： 炒勺、炒锅、面筛、盆子。

```
提　示
①芝麻必须淘洗干净。
②芝麻要炒熟但不能炒焦。
③芝麻不能擀得太细。
```

豆沙馅

　　豆沙馅一般是指红豆沙馅，可分为普通豆沙馅、中档豆沙馅和高档豆沙馅。普通豆沙馅可用炒熟的红豆粉或煮出沙的豆子加油脂和糖直接和匀即可；中档豆沙馅在把豆子煮出沙后，还需要加油来炒制；高档豆沙馅也称洗沙馅，在中档豆沙馅的基础上还需要去皮，只用豆沙。此处主要讲的是高档豆沙馅的制作。

1 将红豆洗净后浸泡约 4 小时（图 5.26）。

图 5.26　红豆洗净后浸泡

2 加清水及少许碱水煮至豆烂，然后绞细（图 5.27）。

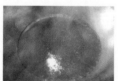

图 5.27　红豆煮烂并绞细

3 用筛子擦制去皮（图 5.28）。

图 5.28　擦去豆皮

4 锅内加入植物油的 2/3，加红糖炒化后倒进豆沙，用中火不断翻炒，一边炒一边分次加入剩下的油（图 5.29）。为了便于豆沙凝固，可在炒制时将植物油和猪油混合起来使用。

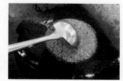

图 5.29　炒豆沙

⑤ 炒至水分收干、吐油即可起锅（图 5.30）。

图 5.30　炒至吐油

⑥ 炒好的豆沙馅（图 5.31）。

图 5.31　炒好的豆沙馅

> **提　示**
> ①红豆必须煮烂，炒制时水分必须散失，必须炒翻沙。
> ②要求色泽黑而油亮，软硬适宜，口感细腻香甜。

5.2.2　咸馅制作工艺

在中餐面点中咸馅的使用最为广泛，用料广、种类多，按原料性质可分为荤馅、素馅、荤素馅，按成熟方式可分为生馅、熟馅、生熟馅等。

1）咸馅制作的基本要求

（1）选料

符合初步加工要求，以质嫩、新鲜、无异味的为佳，初加工时去除不能食用部分和一些不良气味。

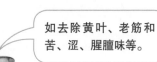

如去除黄叶、老筋和苦、涩、腥膻味等。

（2）原料的加工形态

细碎小料，丁或丝大小粗细要均匀，蓉或泥越细越好。

包馅面点的皮一般较薄，面点成熟的关键在于馅料的成熟。

（3）馅心调制

可分为生拌和熟制，生拌使馅心鲜嫩、柔软味美，熟制是为了增加馅料的黏性和浓度，也可两两结合，制成生熟馅。

2）素馅制作工艺

素馅可分为生素馅和熟素馅。制作素馅时必须去除影响馅心质量的异味，减少水分含量。

莲白馅（生素馅）

莲白馅常用来包制包子、饺子等。

> **材料：** 莲白 1 000 克，葱花 200 克，姜 5 克，食盐、味精、猪油、香油各适量。
> **工具：** 切刀、盆子。

① 莲白去黄叶洗净（图 5.32）。

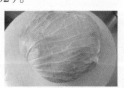

图 5.32　洗净的莲白

② 切成细碎料（图 5.33）。

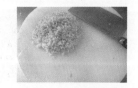

图 5.33　剁碎的莲白

③ 撒少许食盐，腌制一会儿后挤去水分（图5.34）。

图5.34　用食盐腌制后挤去水分

④ 加葱花、食盐等调料和匀（图5.35）。

图5.35　调味

⑤ 做好的莲白馅（图5.36）。

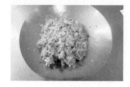

图5.36　做好的莲白馅

提　示

① 为了达到更好的口感，莲白的粗梗可以去除。
② 必须挤去多余的水分。
③ 制作清真制品时应用植物油代替猪油。

材料：萝卜1000克，葱花50克，姜米10克，甜面酱、食盐、味精、胡椒粉、酱油、食用油、香油各适量。

工具：切刀、盆子、炒锅、炒勺。

萝卜馅（熟素馅）

萝卜馅可用作一般席点的馅心。制作萝卜馅的萝卜以质细、萝卜味浓的红皮萝卜为佳。

① 萝卜去皮治净，切厚片（图5.37）。

图5.37　萝卜去皮切厚片

② 切成小颗粒后加食盐腌制一下（图5.38）。

图5.38　切成小颗粒后加食盐腌制

③ 用纱布包好，挤去水分（图5.39）。

图5.39　挤去水分

④ 锅入油下姜米炒香后加萝卜粒、食盐和甜面酱炒香，再加入酱油微炒几下起锅（图5.40）。

图5.40　炒制

⑤ 加入味精、胡椒粉、香油和葱花拌匀即成（图 5.41）。

图 5.41　制好的萝卜馅

3）荤馅制作工艺

荤馅的原料广泛，各种畜禽及水产均可，但一般以畜肉为主，特别是猪肉。口味上生荤馅以咸鲜味为主，熟荤馅有咸鲜、咸甜、麻辣等口味。生荤馅在制作中一般要加水或掺皮冻，以使馅心鲜香、肉嫩、多汁。

材料：猪前腿肉 500克，葱50克，姜30克，食盐、味精、胡椒粉、香油、料酒各适量。
工具：切刀、盆子。

水打馅（生荤馅）

水打馅是指把（姜葱）水或汤等通过搅拌使之渗入肉蓉中，从而使肉馅鲜嫩滑爽。

① 备料：肉剁碎后纳盆，制姜葱水，备齐料酒、食盐、味精、胡椒粉（图 5.42）。

图 5.42　备好的料

② 肉蓉中先加少许食盐，搅打上劲（图 5.43）。

图 5.43　加少许食盐并搅打上劲

③ 分次加入姜葱水，一边加一边顺同一个方向搅，直至水分全部吃进（图 5.44）。

图 5.44　分次加入姜葱水

④ 依次加入味精、胡椒粉，最后拌入香油即可（图 5.45）。

图 5.45　制好的水打馅

材料：猪后腿肉 500 克，冬笋 75 克，韭黄 75 克，香菇 30 克，泡椒 10 克，食盐、味精、酱油、料酒、食用油、香油、水淀粉各适量。

工具：切刀、炒锅、炒勺。

春卷馅（熟荤馅）

熟荤馅一般具有油重、散籽、味鲜的特点，多用于发酵制品、花色蒸饺等。春卷馅有生馅和熟馅之分，这里主要讲的是熟馅。熟馅既可以在生料刀工处理后入锅炒熟调味，也可以把原料制熟后再刀工处理和调味。

① 猪后腿肉洗净后切成丝，加酱油、料酒、水淀粉码味上浆（图 5.46）。

图 5.46 猪肉切丝，码味上浆

② 香菇切丝，黄切段，冬笋切丝后焯水（图 5.47）。

图 5.47 切好的配料

③ 肉丝下入热油锅内炒散籽，依次加入泡椒、韭黄段等辅料（图 5.48）。

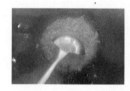

图 5.48 炒制

④ 稍炒后调入食盐和味精，勾薄芡，淋入香油（图 5.49）。

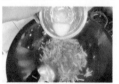

图 5.49 调味勾芡

⑤ 制好的春卷熟馅（图 5.50）。

图 5.50 制好的春卷熟馅

提　示

①配料下锅后不宜久炒，以免绵软。

②各料切配应均匀。

 任务测试

一、名词解释

1. 馅心

2. 甜馅

3. 水打馅

4. 熟馅

二、多项选择题

1. 中餐面点馅心按口味可分为（　　）。

　　A. 甜馅　　　　B. 咸馅　　　　C. 甜咸馅　　　D. 荤馅　　　E. 素馅

2. 豆沙馅一般可分为（　　）。

　　A. 普通豆沙馅　B. 中档豆沙馅　C. 高档豆沙馅　D. 特制豆沙馅　E. 标准豆沙馅

3. 咸馅根据制作原料的不同可分为（　　）。

　　A. 荤馅　　　　B. 素馅　　　　C. 荤素馅　　　D. 生馅　　　E. 生熟馅

4. 制作豆沙馅的工序包括（　　）。

　　A. 清洗　　　　B. 浸泡　　　　C. 煮制　　　　D. 制蓉　　　E. 炒制

三、简答题

1. 馅心有何作用？

2. 中餐面点中常用的馅心有哪些？

3. 调制素馅时需要注意哪些问题？

4. 水打馅在制作过程中有哪些技术要领？

任务3　面臊制作工艺

　　面臊也称菜码、面码、臊子、浇头、打卤等，是指加在面条或米粉、米线上的一类馅料。面臊决定了大多数面条及米粉的风味特色。其制作与烹制菜肴类似，对色、香、味、形等都有较高的要求。一般来说，面臊可分为汤面臊、卤汁面臊和干煸面臊。

5.3.1　面点制汤工艺

　　制汤也称吊汤，是指把鸡、鸭、猪棒骨、火腿等蛋白质和脂肪含量丰富的动物性原料，放入清水中长时间煨制成味鲜香浓的汤汁的过程。这种汤汁可直接用于面点调味，以增加面点的鲜香味。汤的种类有很多，常见的有原汤和奶汤。

　　1）原汤

　　原汤是指用一种原料加清水熬成的具有原料原汁原味的汤汁，常见的有牛肉汤、鸡汤、羊杂汤等。

材料：猪棒骨 2 根、清水 5 000 克、姜片 10 克、葱 15 克、料酒 5 克。

工具：汤锅。

原汁棒骨汤

原汁棒骨汤是一种常用的原汤。

① 猪棒骨敲破治净，加料酒、姜、葱焯水（图 5.51）。

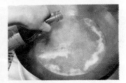

图 5.51　猪棒骨焯水

2 洗净猪棒骨上的浮沫后重新下锅（图 5.52）。

图 5.52　猪棒骨洗净后重新下锅

3 大火烧开后用小火煨制（图 5.53）。

图 5.53　大火烧开后煨制

4 原汁猪棒骨汤成品（图 5.54）。

图 5.54　做好的猪棒骨汤

> **提 示**
> ①用小火煨制的汤，汤色清澈，味美鲜醇。
> ②常用于海味面臊等。

2）奶汤

　　奶汤（图 5.55）属于高级汤料，是用猪棒骨、鸡骨架、猪肚等富含蛋白质和脂肪的原料加清水熬成的汤。

图 5.55　奶汤

> **提 示**
> ①需加盖并用中火熬制，这样熬出的汤才会呈乳白色。
> ②熬好的汤色浓白，香鲜味浓。

5.3.2　汤面臊制作工艺

　　汤面臊是指在原汤、奶汤等基础上添加不同的辅料和调料，用煨、炖、烧等方式制成的多汤汁的面臊。汤面臊可分为纯汤臊和汤菜臊。汤菜臊是指盖浇在煮好的面条、米粉上的多汁的菜肴，如红烧排骨面臊。常见的汤面臊制品有奶汤面、原汤抄手、牛肉面、海味面等。

材料： 猪肉 200 克、酸菜 100 克、食盐 10 克、猪棒骨原汤 500 克、胡椒粉 5 克、姜米 10 克、食用油 50 克。
工具： 炒锅、炒勺。

酸菜肉丝面臊

　　酸菜肉丝面臊具有口味清爽、开胃、汤鲜的特点。

① 锅内烧热油下姜米、酸菜丝炒香（图5.56）。

② 掺入猪棒骨原汤并加胡椒粉、食盐调味（图5.57）。

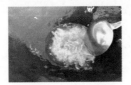

图5.56　炒酸菜

图5.57　掺汤、调味、熬制

③ 放入码味上浆的肉丝，肉丝熟即可（图5.58）。

图5.58　下肉丝

④ 做好的酸菜肉丝面（图5.59）。

图5.59　酸菜肉丝面

提　示

①酸菜煸炒出香味即可掺汤。

②汤熬好后，放入肉丝，滑熟即可。

材料： 排骨2.5千克、棒骨原汤12.5千克、郫县豆瓣500克、姜120克、蒜200克、草果5克、八角10克、白糖50克、鸡精50克、味精50克、老抽50克、料酒50克、胡椒粉15克、干花椒30克、精炼油750克。
工具： 炒锅、炒勺、汤锅。

红烧排骨面臊

红烧排骨面臊色泽红亮，家常味浓郁，深受人们的喜爱。

① 猪排骨斩小块后放入加了料酒的水中焯水（图5.60）。

② 炒锅置中火上，加油烧热，下姜、蒜和郫县豆瓣炒香，接着放干花椒、草果和八角炒香（图5.61）。

图5.61　炒料

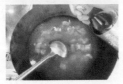

图5.60　猪排骨斩小焯水

③ 加排骨煸炒至吐油，再加入鸡精、味精、老抽（图5.62）。

图5.62　下排骨炒制

④ 加棒骨原汤大火烧开后调味并改为小火炖制（图5.63）。

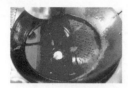

图5.63 加汤调味煨制

⑤ 至排骨酥烂即可（图5.64）。

图5.64 制好的排骨面臊

提 示

①如果臊子多，必须将排骨捞出，用汤面上的油来浸，以便入味。

②排骨相对容易酥烂，注意炖制时间。

牛肉面臊

红烧牛肉不仅是一道著名的美食，更是很多面馆的招牌面臊。

材料：牛肋条肉500克、牛肉原汤1 000克、竹笋200克、姜25克、葱25克、草果3克、八角3克、干花椒5克、食盐15克、白糖10克、味精20克、老抽30克、料酒20克、食用油300克、糖色适量。

工具：炒锅、炒勺、高压锅。

① 牛肉切小块焯水，竹笋切小块焯水（图5.65）。

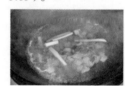

图5.65 牛肉、竹笋切块后焯水

② 锅中加油烧热后下姜葱和香料爆香，然后放入牛肉稍加煸炒（图5.66）。

图5.66 料炒香后煸炒牛肉

③ 掺入牛肉原汤并加入剩余调料调味，烧开后转为小火烧至牛肉酥烂（图5.67）。

图5.67 加汤煨制

④ 牛肉面臊成品（图5.68）。

图5.68 制好的牛肉面臊

⑤ 牛肉面（图5.69）。

图5.69 做好的牛肉面

提 示

①一定要用牛肉原汤，以增加卤汁的牛肉香味。

②牛肉纤维粗长，不易酥烂，可用高压锅压制，节约烹制时间。

5.3.3　卤汁面臊制作工艺

卤汁面臊是指加在煮熟的面条、米粉或米线上的，用烧、焖等烹制而成的汁浓味长的面臊。一般来说，其制作步骤为选料—刀工处理—烹制—勾芡—面臊成品。

> **材料**：猪前腿肉 500 克，甜面酱 100 克，食盐 10 克，味精 5 克，料酒 15 克，姜 10 克，葱 20 克，食用油 75 克，香油、酱油、水淀粉和棒骨原汤各适量。
> **工具**：炒锅、炒勺。

杂酱面臊

杂酱面臊是在肉粒炒熟的基础上掺汤勾芡的一种面臊，味香醇厚。

① 备料（图 5.70）。

图 5.70　备好的料

② 炒锅置旺火上，将油烧热后下肉（图 5.71）。

图 5.71　油烧热后下肉

③ 炒散籽（图 5.72）。

图 5.72　将肉炒散籽

④ 等到下甜面酱炒匀后放料酒、食盐和酱油炒香（图 5.73）。

图 5.73　调料炒香

⑤ 掺入棒骨原汤，烧开后改小火慢烧（图 5.74）。

图 5.74　加汤慢烧

⑥ 待汤汁快干时，调入味精，勾芡，淋香油（图 5.75）。

图 5.75　勾芡校味

⑦ 杂酱面臊成品（图 5.76）。

图 5.76　做好的杂酱面臊

> **提　示**
> ①肉不能剁得太细，以小颗粒状为宜。
> ②必须炒香再掺汤，且掺汤后还需要慢烧一会儿，以便使肉臊变得酥软。

5.3.4 干煵面臊制作工艺

干煵面臊是指加在面条、米线或米粉等面上的不带汤汁的面臊。其制作步骤为选料—刀工处理—煸炒—面臊成品。常见的干煵面臊有担担面臊和干煵牛肉面臊等。

材料： 猪前腿肉500克、甜面酱60克、食盐5克、味精3克、料酒15克、酱油20克、食用油50克。
工具： 炒锅、炒勺。

脆　臊

脆臊是用半肥瘦猪肉炒制而成的，多作为担担面臊。

① 猪肉剁成较杂酱面臊粗一些的颗粒（图5.77）。

图5.77　猪肉剁成颗粒

② 锅中加油烧热，下猪肉颗粒炒散籽（图5.78）。

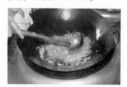

图5.78　将肉炒散籽

③ 放料酒、甜面酱、食盐、味精和酱油炒至肉颗吐油、酥香（图5.79）。

图5.79　加料炒香

④ 炒好的脆臊（图5.80）。

图5.80　炒好的脆臊

> **提　示**
> ①肉以半肥半瘦为佳。
> ②必须炒干香、酥脆。
> ③由于脆臊的水分已丢失，因此存放时间较长。

任务测试

一、名词解释

1.面臊

2. 汤面臊

3. 卤汁面臊

4. 干煵面臊

二、多项选择题

1. 汤面臊可分为（　　）。

　　A. 纯汤臊　　　　B. 汤菜臊　　　　C. 卤汁面臊　　　D. 干煵面臊　　　E. 红烧面臊

2. 下面中餐面点品种中属于汤面臊的有（　　）。

　　A. 奶汤面　　　　B. 鸡汁抄手　　　C. 杂酱面　　　　D. 海味面　　　　E. 红烧牛肉面

三、简答题

1. 如何制作卤汁面臊？

2. 杂酱面臊和脆臊有何不同？

项目6　中餐面点成型工艺

【职业能力目标】

- 了解中餐面点成型的基本方法；
- 掌握常见中餐面点品种的成型技法；
- 熟悉中餐面点各种成型技法的操作要领。

面点成型是中餐面点制作技术的重要内容。中餐面点成型是指将调制好的面团或皮坯按照品种的要求，包上馅心或不包馅心，运用多种方法形成多种多样的成品或半成品的过程。面点的基本形态有饼类、饺类、糕类、团类、包类、卷类、条类、羹类、冻类、饭粥类等。面点成型工艺可分为徒手成型工艺、辅助工具成型工艺、模具成型工艺等。

任务1　徒手成型工艺

徒手成型工艺是指不借助工具，完全依靠手工技法使生坯成型的工艺。主要包括包、捏、卷、抻、叠等工艺，有些工艺需要与其他工艺相互配合才能完成最后的造型，如卷和包。在徒手成型工艺中，包的工艺和捏的工艺使用得较多。

6.1.1　包的工艺

包是指将馅心包入擀好、压好或按好的皮坯中使其成型的一种工艺。包制成型的品种较多，具体包法各不相同，常见的有汤圆的无缝包法、烧麦的包拢法、抄手的包捻法、春卷的包卷法、粽子的包裹法，等等。

1）无缝包法

无缝包法即无褶包，操作较为简单，适用于汤圆、豆沙包、馅饼等。具体工艺是左手托面皮，手指向上弯曲，皮在手中呈凹形，使其便于上馅，上馅后通过右手虎口和手指的配合，收紧封口搓成圆形即可。以无缝包法成型的面点生坯还可进一步制作成其他形状，如饼状。

材料：糯米粉面团300克、黑芝麻馅心150克。

工具：盆子。

汤 圆

汤圆在收紧封口后，直接搓圆即可。

① 将糯米粉面团和黑芝麻馅心分别下成10个大小均匀的剂子（图6.1）。

图6.1 面团和馅心
都下剂子

② 取面剂子，双手结合捏成中间呈凹形的面皮（图6.2）。

图6.2 捏面皮

③ 包入馅心（图6.3）。

图6.3 包馅

④ 右手边包左手边把馅往下按，收紧封口（图6.4）。

图6.4 包馅封口

⑤ 搓成圆形，依此法做完即可（图6.5）。

图6.5 搓好的汤圆

提 示

①捏皮时，边缘必须厚薄均匀，将馅心包于正中。

②口要封好，以免露馅。

③可适当掐掉封口处多余的面团。

2）包拢法

包拢法是指一边包一边从腰部收拢，但不封口。左手托皮，手指向上弯曲，使面皮自然呈窝形。包入馅心后，左右手搭配，左手手指向上托在底部，右手慢慢包拢，稍稍挤紧，但不封口，制品上部微见馅心。用包拢法包制的制品上部呈花朵状，下面圆鼓，形似白菜，也像石榴。

材料：冷水面团150克、小白菜猪肉馅100克、豆粉适量。

工具：擀面杖。

玻璃烧麦

玻璃烧麦，皮似玻璃，形似白菜，煞是好看。

① 备料（图6.6）。

图6.6 备料

② 将饺子皮扑上豆粉，压制成荷叶边面皮（图6.7）。

图6.7 制烧麦皮

③ 包入馅心（图6.8）。

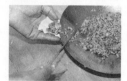

图6.8 上馅

④ 馅心饱满，左手手指向上托在底部，慢慢包拢，移至右手稍稍挤紧，但不封口，制品上部微见馅心（图6.9）。

 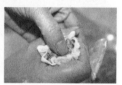

图6.9 包馅

⑤ 包好的烧麦（图6.10）。

图6.10 包好的烧麦

提　示

①包拢时注意力度，烧麦皮非常薄，极易胀破。

②包拢部位应是腰部，使其上部散开呈花朵状，腰部收成细腰，底部呈圆鼓形。

3）包捻法

包捻法的皮坯有正方形、三角形、梯形等。左手托皮，右手拿馅挑上馅并利用馅挑往内包捻，借助馅心的黏性将皮坯捏紧即可。

材料： 抄手皮20张、猪肉水打馅150克。

工具： 筷子。

抄　手

抄手包捻后成团，中心部分有馅，边缘皮坯竖立。

① 准备好抄手皮和水打馅心（图6.11）。

② 左手拿抄手皮，右手持馅挑，挑入馅心（图6.12）。

③ 借助馅挑将抄手皮由外向内包捻（图6.13）。

图6.11 备料

图6.12 上馅

图6.13 包捻

④ 借助馅心的黏性，左手手指配合捏紧（图6.14）。

⑤ 包好的抄手（图6.15）。

图6.14 重叠处捏紧

图6.15 包捻好的抄手

提 示

也有直接将馅心置于皮中央，将抄手皮对折，捏拢边角的包法。

4）包卷法

将皮坯平放于案板上，上馅于皮坯外沿1/3处，双手配合由外向内，边包边卷，包卷到中央时，将两端的皮坯折叠向中部。继续包卷，皮快包完时，在内侧皮上抹少许面糊，最后包卷封口。包卷法成型的制品一般为条形。

材料：春卷皮10张、韭黄肉丝馅心200克、面糊适量。
工具：筷子。

春 卷

春卷是包卷法的代表，这里介绍的春卷为成型后需要炸制的品种，也有包裹凉拌菜和不抹面糊直接食用的春卷。

① 春卷皮平置案板上（图6.16）。

② 上馅于面皮外沿1/3处（图6.17）。

③ 双手配合，由内向外，边包边卷（图6.18）。

图6.16 平铺面皮

图6.17 上馅

图6.18 包卷

④ 包卷到中间时，将两端的面皮向中间折叠（图6.19）。

⑤ 继续包卷（图6.20）。

⑥ 皮接近包卷完时，在内侧面皮上抹少许面糊（图6.21）。

图6.19 向中间折叠

图6.20 继续包卷

图6.21 封口处抹面糊

⑦ 包卷封口即成（图6.22）。

图6.22 包卷好的春卷

提 示

①上馅后，应尽量将馅心捋成条形，以便包卷成型。
②由内向外，边包边卷，保持工整。

5）包裹法

主要用于粽子的成型。将两张粽叶一正一反扭成锥形筒状，填入糯米，包裹成菱角形或三角形等，用绳子扎紧。

材料：泡洗好的粽叶10张，泡发好的糯米500克、食盐、味精、酱油、猪油、花椒颗粒各适量。
工具：勺子、绳子、剪刀。

椒盐粽子

粽子的品种有很多，这里主要介绍三角形椒盐粽。

① 糯米调成椒麻味，粽叶泡洗好（图6.23）。

图 6.23　准备米和粽叶

② 一张粽叶扭成锥形圆筒（图6.24）。

图 6.24　造型粽叶

③ 填入糯米，用筷子插实，并用手压平（图6.25）。

④ 包裹成三角形（图6.26）。

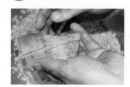

图 6.26　包裹成三角形

图 6.25　填入糯米，用筷子插实

⑤ 用绳子扎紧即可（图6.27）。

图 6.27　用绳子扎紧

> **提　示**
> ①粽子不必包裹太紧，留少许空隙，以免煮时糯米发涨将粽叶胀破。
> ②粽子除了三角形外，还有菱形、四角形等形状。

6.1.2　捏的工艺

多用于包类、饺类的成型，主要有挤捏、推捏、提褶捏、捻捏、叠捏、扭捏等工艺。捏法多用于花式饺类、包类、盒子等的成型。

1）挤捏

挤捏适用于北方水饺的成型。左手托皮，右手上馅后对合面皮，双手食指弯曲朝下，拇指并拢，向中上方挤捏面皮边沿。

材料：饺子皮 10 张、
芹菜馅心 250 克。
工具：馅挑。

北方水饺

北方水饺的包法和馅心均与川式面点钟水饺有所差异。

① 备料（图6.28）。

图 6.28　备料

② 左手托皮，右手上馅（图6.29）。

图 6.29　上馅

③ 对合面皮（图6.30）。

图 6.30　对合面皮

④ 双手食指朝下，拇指并拢，用力向中上方挤捏面皮边沿（图6.31）。

图 6.31　挤捏

⑤ 挤捏好的北方水饺（图6.32）。

图 6.32　做好的北方水饺

提　示

①挤捏时双手尽量少捏面皮，以免水饺"耳朵"太大。
②饺子个子不要太大。

2）推捏

推捏是指在面皮包馅之后推捏出花纹的一种成型工艺，左手托面坯（拇指在上，其他四指在下），右手拇指在内，其他四指在外，右手拇指和食指结合，一边向前推一边随之一捏，依序往前推行直至推捏完。推捏多用于可塑性较强的面团品种成型，可增加面点美感。

材料：烫面 400 克、猪肉小白菜馅 250 克。
工具：馅挑。

月牙蒸饺

月牙蒸饺是推捏成型工艺的代表品种。

① 备料（图6.33）。

图 6.33　备料

② 往面皮中央上馅，并用馅挑按成长弧形（图6.34）。

图 6.34　上馅

③ 左手托面坯，拇指在上，其他四指在下，面皮内部略低于外部（图6.35）。

图 6.35　左手托面坯

④ 大拇指在内，其他四指在外，拇指和食指配合，先斜着推捏出第一个褶子，一边推一边捏成月牙形（图6.36）。

图6.36　包捏成月牙形

⑤ 推捏好的月牙蒸饺（图6.37）。

图6.37　包好的月牙蒸饺

提　示

不可将馅心沾在面皮边沿，以免因馅心有油而难以封口。

3）提褶捏

左手托皮于手掌，使其呈窝形，上馅心后，右手拇指在内、食指在外，拇指不动，食指一捏一叠，同时借助馅心的重力向上提起，一边用右手包，一边用左手转动坯料，直至完成。提褶捏适用于制作各式包子。

材料： 发酵面团350克、鲜肉馅心250克。
工具： 馅挑。

鲜肉包

包子的花褶一般在16～24道。

① 备料（图6.38）。

图6.38　备料

② 包入馅心，右手拇指不动，食指由前向后一推一叠（图6.39）。

图6.39　上馅推捏

③ 一边用右手包，一边顺势提面皮，左手也跟着转（图6.40）。

图6.40　一边捏一边转

④ 临收口时，大拇指向内竖，将口收小（图6.41）。

图6.41　临收口时，将口收小

⑤ 提褶捏好的鲜肉包（图6.42）。

图 6.42　包好的包子

提　示

①右手大拇指在面皮之内，且不随
　食指的提捏而前进转动。
②花褶应间隔整齐，大小一致。

4）捻捏

捻捏（图6.43）适合制作三角饺等花式蒸饺，是将擀好的圆形面皮，包馅平分成
三等份捏成三角形，再分别把三条边捏成双波浪花边即成。

图 6.43　捻捏

5）叠捏

叠捏（图6.44）适合四喜蒸饺、一品饺、梅花饺等花式蒸饺，是将圆形面皮上馅
后，双手配合将面皮提起来分成四等份（也可分成三等份或五等份）并从中间部位捏
住，使其成四个角（也可成三个角或五个角），然后把相邻的两边捏在一起，使其成四
个洞眼（也可成三个洞眼或五个洞眼），再往洞眼里填入不同的点缀馅心即可。

图 6.44　叠捏

6）扭捏

扭捏（图6.45）适合制作韭菜盒子等花式盒子，是把两张圆酥皮，一张皮放馅心，
另一张皮盖于其上，把四周捏紧后，用左手托面坯，右手拇指在上，食指在下，相互
配合在边沿捏出向上翻的绳状花纹即成。也有用一张皮包上馅后，对折封口再捏花边，
如眉毛酥。现在很多花式蒸饺也用此法成型。

图 6.45　扭捏

7）花捏

花捏主要适用于各种象形品种的成型，如南瓜、玉米、兔子、企鹅等。

6.1.3　卷的工艺

卷分为单卷和双卷两种，是将上馅或抹油的面皮，卷成粗细一致的长圆筒，再造型的一种工艺。用这种方法成型的制品成熟后有较丰富的层次，甚是好看。

1）单卷

在长面片上抹馅料或油后，从一端卷到另一端。

| 材料：发酵面团 500 克，食盐、味精、花椒面、葱花、食用油适量。
工具：刷子、擀面杖、通心槌。 | **葱油花卷**
将葱油花卷好后，还需要切剂造型。 |

① 将发酵面团擀成长面片（图 6.46）。

图 6.46　将面团擀成面片

② 先刷一层食用油，再撒上食盐、味精、花椒面和葱花（图 6.47）。

图 6.47　刷油并撒料

③ 由外向内卷制，一开始便卷紧卷匀（图 6.48）。

图 6.48　由外向内卷制

④ 卷好后，捏紧面条两端（图 6.49）。

图 6.49　捏紧面条两端

⑤ 将条子搓匀后快刀切剂（图6.50）。

图 6.50 条子搓匀后
快刀切剂

⑥ 翻出花纹（图6.51）。

图 6.51 翻出花纹

⑦ 翻好的花卷（图6.52）。

图 6.52 翻好的花卷

提 示

①封口向下，以免成熟时散卷。
②如果卷出的条较粗，可进行搓条处理后再切剂。

2）双卷

双卷是在长形大面片上抹好馅料、油后，从外向内卷一半，再从内向外卷一半，成为双长圆筒状。用双卷法成型的主要有如意卷、鸳鸯卷、蝴蝶卷等。

材料： 发酵面团500克，食用油、草莓果酱适量。
工具： 刷子、通心槌。

如意花卷

用制作如意花卷的方法还可以制作四喜卷、蝴蝶卷等。

① 将发酵面团擀成长形面片（图6.53）。

图 6.53 面团擀成面片

② 面片上下两方分别刷上食用油和草莓果酱（图6.54）。

图 6.54 刷油和果酱

③ 分别由外向内、由内向外卷成两个圆筒状（图6.55）。

图 6.55 卷成两个圆筒

④ 在卷好后，翻转，稍微搓一下，快刀切剂（图6.56）。

图 6.56 快刀切剂

⑤ 做好的如意花卷（图6.57）。

图 6.57 做好的如意花卷

提 示

①卷时松紧合适，粗细一致，保持两端均匀。
②双卷条筒不宜搓条，只能用手捏细。

6.1.4 抻的工艺

抻的技术性较强，一般需要先遛条，再抻拉。先把调制好的富有延展性的面团搓成长条形，再用双手抓住两端向上抛起，反复甩动、扣和、抻拉成粗细均匀的细条或细丝。

拉面

材料： 冷水偏软面团1 000克、扑粉适量。
工具： 湿毛巾。

抻 面

通常将细条状的称为拉条子，细丝状的称为拉面。

1 面团充分饧制（图6.58）。

2 面团搓成条，双手各持面条一端，上下抖动，左右扩张拉抻，至面团柔软、有筋性（图6.59）。

图6.58 面团充分饧制

图6.59 遛条

3 遛好的条撒上扑粉，反复折合拉抻（图6.60）。

4 拉抻好的面条（图6.61）。

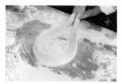

图6.60 反复折合拉抻

图6.61 拉抻好的面条

> **提 示**
> ①饧面要透。
> ②拉抻面条时，力度随着面筋力的增强而增加。
> ③双手用力要均匀。

6.1.5 搓的工艺

搓是面点成型工艺中最基础、最普通的一种技法，将面剂放在案板上，双手将剂向左右两端搓成粗细均匀的条。主要用于麻花和馒头的成型。

麻 花

材料：混酥面团500克。
工具：湿毛巾、刮板。

麻花成型是一种较为特殊的搓的工艺，搓时双手反向搓制，以便折合成麻花形。

① 将面团切成小面条（图6.62）。

② 面条平放于案板上，先双手配合搓细长（图6.63）。

③ 再左右手反向搓制上劲（图6.64）。

图6.62　面团切成小面条

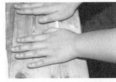

图6.63　双手配合搓细长

图6.64　反向搓制上劲

④ 双手同时从案板上提起面条两端，并将两头合在一起（图6.65）。

⑤ 当合成两股后再折合一次（图6.66）。

⑥ 搓好的麻花（图6.67）。

图6.65　提起面条两端，并将两头合在一起

图6.66　再折合一次

图6.67　搓好的麻花

提 示

①搓时用力均匀，以使面条表面光滑整齐。
②从一股合成两股时，可适当用手帮助面条扭在一起。
③在合第二股时，要先把条子反向搓条上劲。

任务测试

一、名词解释

1. 面点成型工艺
2. 徒手成型技法
3. 捹法
4. 包法

二、单项选择题

1. 汤圆的成型技法是（　）。

　A. 捏　　　　　B. 包　　　　　C. 搓　　　　　D. 捹

2. 包子的成型技法是（ ）。

    A. 包拢法　　　　B. 包捻法　　　　C. 包卷法　　　　D. 提褶法

三、判断题

1. 捏法多用于花式饺类、包类、盒子面点的成型。　　　　　　　　　　（　）

2. 抻的技术性较强，一般需要先遛条，再抻拉。　　　　　　　　　　（　）

3. 双卷法即将两个单卷筒粘在一起的方法。　　　　　　　　　　　　（　）

4. 搓时用力需均匀，以使面条表面光滑整齐。　　　　　　　　　　　（　）

四、简答题

1. 中餐面点中常用的成型技法有哪些？

2. 包子就是用包法成型的吗？为什么？

3. 什么叫无缝包法？

4. 包的技术要领有哪些？

任务2　工具辅助成型工艺

    工具辅助成型是指在徒手成型工艺的基础上，借助一些简单工具成型的工艺，如借助擀面杖、切刀、竹筷、花钳等工具通过切、摊、剪、擀、剞、滚沾、钳、削、拨、挤注等工艺使面点生坯成型。

6.2.1　切的工艺

    常用于面条、抄手皮等的成型，是用刀具把调好的面团分割成符合成品或半成品形状的工艺。切面有手工切面和机器切面两种，这里主要介绍手工切面。机器切面更能保持面条的质量，但目前一些高级面条仍用手工切面。

材料： 冷水硬面团500克、扑粉适量。
工具： 双手杖、切刀。

手工面条

    将擀好的大面片根据所需长度用刀切段并垒整齐，再左手按面，右手持刀，根据所需宽度切成面条即可。

① 面团经揉制光洁后，擀成大面片（图6.68）。

② 根据所需长度切段并垒整齐（图6.69）。

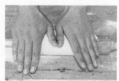

图6.68　面团擀成大面片

图6.69　垒整齐

③ 左手按面，右手持刀（图 6.70）。

④ 按所需宽度切成面条（图 6.71）。

⑤ 切好的面条（图 6.72）。

图 6.70 左手按面，右手持刀

图 6.71 切成面条

图 6.72 切好的面条

> **提 示**
> ①切面时注意面条粗细均匀。
> ②切后撒上扑粉，以免粘连，且最好抖散。

大刀金丝面

6.2.2 摊的工艺

摊是一种较为特殊的成型工艺，主要用于稀软面团或面糊，是唯一边成熟边成型的工艺，如锅摊、春卷皮等的制作。

> **材料：** 调好的咸鲜味面糊 500 克、韭菜粒 200 克、食用油适量。
> **工具：** 小勺子、平底锅。

韭菜锅摊

韭菜锅摊使用的是面糊，调好后加入韭菜碎一起调匀，如加入野菜便成了野菜锅摊。

① 将韭菜粒加入调好的咸鲜味面糊中（图 6.73）。

② 平底锅用少量油炙好锅（图 6.74）。

③ 用小勺舀入适量面糊倒入锅内（图 6.75）。

图 6.73 调面糊

图 6.74 炙锅

图 6.75 往锅内舀入面糊

④ 转动锅内的面糊，使其均匀地在锅上粘一层（图 6.76）。

⑤ 见面皮泛白时，滴入几滴油，使其酥脆（图 6.77）。

⑥ 翻面微烙一下（图 6.78）。

图 6.76 转动锅内的面糊

图 6.77 摊制

图 6.78 翻面微烙

7 摊好的锅摊（图 6.79）。

图 6.79　摊好的锅摊

> **提　示**
> ①锅摊的厚度既与面糊的稀稠度有关，也与锅内的温度有关。
> ②往锅内舀入面糊后，迅速转动锅具，使面饼厚薄均匀。
> ③火力要小，锅内的油不宜太多。

6.2.3　剪的工艺

剪的工艺是指用剪刀类工具在面点生坯表面剪出独特形态的一种成型工艺，通常需要与包、捏等工艺配合使用。如兰花饺、刺猬包、金鱼酥等都需用到剪的成型工艺。

材料：澄粉面团 120 克、红豆沙馅 60 克、黑芝麻 12 粒。
工具：剪刀。

刺猬包

刺猬包既可用于发酵面团制作，也可用于澄粉面团制作。

1 备料（图 6.80）。

图 6.80　备料

2 按好皮后包入馅心，封好口（图 6.81）。

图 6.81　包馅并封口

3 做成刺猬的形状（图 6.82）。

图 6.82　做成刺猬状

4 用剪刀从头部开始剪出一根根的小刺（图 6.83）。

图 6.83　剪出小刺

5 粘贴上黑芝麻作为眼睛即可（图 6.84）。

图 6.84　做好的刺猬包

> **提　示**
> ①剪时注意每一刀都深浅适当，避免剪得过深，导致露馅。
> ②剪出的花纹应粗细均匀，整体和谐匀称。

6.2.4 擀的工艺

擀是中餐面点制作的基本技术，大多数面点成型前都离不开擀的工序。擀分为按剂擀和生坯擀，生坯擀是将面点生坯擀成片状，主要用于各类皮坯的制作及面条、抄手的擀制，同时也是葱油饼等饼类的主要成型方法。擀制时用力适当，向前后左右四周推拉应均匀，随着推拉不断转动坯料，保证面坯或饼坯厚薄一致（图6.85）。

图 6.85 擀的工艺

6.2.5 剖的工艺

剖是指在面点生坯的表面用刀具剖上一定深度的刀口，成熟后体现花纹的一种成型工艺，如荷花酥、菊花酥等。需要注意的是，必须等坯料表面翻硬后再剖刀，刀口深浅一致，不宜露馅，也要求刀口快，下刀准，以使所剖刀口处不相互粘连，纹路清晰（图6.86）。

图 6.86 剖的工艺

6.2.6 滚沾的工艺

滚沾是指在馅料表面洒水后放入粉料中不停地滚动，使其沾上粉料，让粉料包裹馅心的成型工艺。常用来滚沾的粉料有椰蓉、糖粉、黄豆粉等。滚沾除了调节面点口味以外，还有美化装饰的作用（图6.87）。

图 6.87 滚沾的工艺

6.2.7 钳的工艺

钳一般用于澄粉面团制作的各种花式和象形面点。用花钳等小工具在采用其他成型方法加工的半成品的表面钳出花纹，以进一步美化面点形态的一种装饰性成型工艺。可竖钳、斜钳出多种图案（图6.88）。

图 6.88　钳的工艺

6.2.8　削的工艺

削是指用刀具直接削出面条的一种成型工艺。用这种方法成型的面条称为刀削面，面条呈三棱形，用力要均匀连贯，使其宽厚一致（图6.89）。

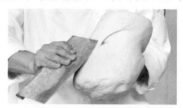

图 6.89　削的工艺

6.2.9　拨的工艺

将调好的稀软面团置于盆内，盆放于沸水锅边，倾斜盆沿，用筷子顺盆拨下即将流出盆的面糊入沸水锅内。拨出的面条为两头尖尖的长圆形，是一种别具风味的面食。用这种方法成型的面条称为拨鱼面。

6.2.10　挤注的工艺

把坯料装入裱花袋内，通过手的挤压使坯料均匀地从裱花袋口流出，挤注在烤盘中直接成型的一种成型工艺，如曲奇饼干等。这种方法具有较强的技术性，应特别注意挤注的力度与速度，这将直接关系到挤花和纹样的美观（图6.90）。

图 6.90　挤注的工艺

任务测试

一、名词解释

1. 工具辅助成型技法

2. 剁的工艺

二、判断题

1. 擀的工艺不可或缺的工具是筷子。 （ ）

2. 常用来滚沾的粉料有椰蓉、糖粉、黄豆粉等。 （ ）

三、简答题

1. 常见的工具辅助成型方法有哪些？

2. 哪些技法适用于花式面点的成型？

任务3 模具成型工艺

模具成型工艺是指利用各种食品模具压印，使面点成型的一种工艺。食品模具的材质有塑料、木质、金属、纸质等，图样多种多样，如花纹、小动物、水果等。

几种常见中餐
面点成型技法

模具成型工艺操作较为简单，可以使各式面点形状、体积一致，成熟后不易走样，较易保存。一般来说，模具成型可分为印模成型、卡模成型和胎模成型。

6.3.1 印模成型工艺

印模成型多与包、按等工艺配合完成。借助印模使面点具有一定外形和花纹的成型工艺。印模模具有单眼模、双眼模和多眼模之分。其中，单眼模多用于包馅面点的成型，如月饼等；而多眼模常用于松散面团制品的成型，如绿豆糕等。

浆皮月饼和
云腿月饼

材料：浆皮面团200克、蛋黄莲蓉馅心300克。

工具：单眼模。

月 饼

此处主要介绍方法，现在月饼的制作已基本是工业化操作。

① 制皮料（图6.91）。

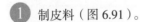

图6.91 制皮料

② 入馅心并封好口（图6.92）。

图6.92 包入馅心并封好口

3 坯料放入印模中，封口朝上（图6.93）。

图6.93　坯料放入印模

4 用左手压平表面（图6.94）。

图6.94　用左手压平表面

5 手持模柄，模眼朝下，推动模柄将生坯饼坯倒扣在案板上（图6.95）。

图6.95　制好的生坯

提　示

①单眼模内应保持清洁油润。

②所包制生坯大小应与模具大小相适应。

③压饼表面时，用力需轻，以防压出馅心。

④印模成型的坯料要求花纹清晰，边棱明显。

多眼模使用时需要一定量的扑粉，扑粉的量以饼坯不与模具粘连，花纹清晰完整为宜。若发现残余面团堵塞了模具的凹纹，需用牙签除去后再使用。不能用锋利的工具来刮，以防图案变粗糙，使饼坯易与模具粘连。

6.3.2　卡模成型工艺

卡模成型工艺是利用两面镂空，有一定立体图案的卡模，在已擀制好的面片上卡出各种面坯形状的成型工艺。此法一般用来制作各式花样的饼干、酥饼等。用模时，右手持模的上端，在面片上用力垂直按下，再提起，使其与整个面片分开。

材料：混酥面团500克。
工具：各式饼干卡模。

花式饼干

花式饼干是混酥面团，为了保持其香酥的口感，面团中尽量少用或不用水。

1 调制混酥面团（图6.96）。

图6.96　调制混酥面团

2 擀成大面片（图6.97）。

图6.97　擀成面片

③ 用卡模卡出各种形状的饼干坯皮（图 6.98）。

④ 卡模成型的各形饼干（图6.99）。

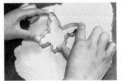

图 6.98 用卡模卡出饼干坯皮

图 6.99 制好的饼干坯

> **提 示**
>
> 用卡模时动作要快，用力要大，以免相互粘连而影响酥皮。

6.3.3 胎模成型工艺

胎模成型多用于发酵面团、米浆等面点的成型。胎模成型是将调制好的面坯放入胎模内，经熟制后再从胎模内取出，成品有胎模的形状，多用于土司、蛋糕、蛋挞、米糕等的成型。

材料： 面包面团 500 克。
工具： 土司模。

土 司

土司的口味较为丰富，如咸味、甜味及包馅等，但不影响成型。

① 备料（图 6.100）。

② 面包面团分成三等份，搓圆后放于吐司模内，并用手稍稍压平（图 6.101）。

图 6.100 备料

图 6.101 分成三等份搓圆

③ 醒发好后，入烤箱（图 6.102）。

④ 胎模成型的土司（图 6.103）。

图 6.102 醒发好后，入烤箱

图 6.103 烤好的土司

> **提 示**
>
> ①胎模内需垫纸或涂油，避免成熟后难以脱模。
> ②装模时不能太满，留一些发酵膨松的余地。

任务测试

一、名词解释

1. 模具成型工艺

2. 印模成型工艺

3. 卡模成型工艺

4. 胎模成型工艺

二、判断题

1. 几何饼干的成型方法为套模成型。　　　　　　　　　　　（　　）

2. 广式月饼的成型方法为胎模成型。　　　　　　　　　　　（　　）

3. 模具成型工艺是针对生坯进行的。　　　　　　　　　　　（　　）

4. 模具成型可使面点制品大小、形状保持一致。　　　　　　（　　）

三、简答题

1. 印模、卡模、胎模有何不同？

2. 模具成型技法一般用于哪些中餐面点品种的成型？

3. 模具成型技法有哪些注意事项？

项目 7　中餐面点成熟工艺

【职业能力目标】

❏ 了解中餐面点常用成熟工艺；

❏ 掌握中餐面点各种成熟工艺的操作要领；

❏ 能根据不同中餐面点品种的特点选用合适的成熟方法。

成熟是中餐面点制作的最后一道工序，也极为关键。中餐面点的成熟工艺是通过一定的加热方式，把成型好的面点生坯制成色、香、味、形、质俱佳的熟食的一种工艺。中餐面点常用的熟制工艺有蒸、煮、炸、煎、烙、烤、微波加热等，不同的成熟方式对面点的色泽、形态、口感和质地都有较大影响，恰当的成熟方式可增加面点的可食性。

任务1　蒸制、煮制工艺

在中餐面点的成熟工艺中，蒸和煮是常用的两种方式。蒸和煮两者的加热温度相差无几，都在 100 ℃左右，且成熟的制品在含水量、色泽、口感等方面的变化都较为接近。不同的是各自的传热介质，蒸是以水蒸气作为传热介质，煮是以水作为传热介质。这也决定了它们的适用范围和操作方法等会有一些差异性。

7.1.1　蒸制工艺

蒸制工艺是把成型后的面点生坯放入蒸笼（笼屉）内，利用水蒸气作为传热介质，在一定温度作用下使其成熟的一种熟制工艺（图 7.1）。蒸制工艺的使用方法和工具都

图 7.1　蒸制成熟的面点

较为简单，在中餐面点中被广泛使用，包子、馒头、花卷、蒸饺、烧麦、叶儿粑等很多品种都适用于这种成熟工艺。蒸制面点具有形态饱满、味道纯正、滑爽松软、馅心鲜嫩多汁的特点。

材料： 制好的酵母发酵面团馒头生坯 10 个、食用油少许。
工具： 蒸煮灶、蒸笼。

蒸馒头

馒头是蒸制成熟工艺中的代表性品种。

① 蒸笼抹油（图 7.2）。

② 有序放入馒头生坯，馒头之间间隔约 3 厘米宽（图 7.3）。

③ 静置发酵（图 7.4）。

图 7.2　蒸笼抹油

图 7.3　摆入馒头

图 7.4　静置发酵

④ 蒸煮锅内加水，淹过蒸笼底 5～7 厘米为宜，放入发好的馒头，蒸约 8 分钟（图 7.5）。

图 7.5　烧水蒸馒头

⑤ 蒸好的馒头（图 7.6）。

图 7.6　蒸好的馒头

提　示

①酵母发酵面团制品若没有醒发好，蒸出的制品就会少了松泡白嫩的特点。
②蒸煮锅内的水必须浸没蒸笼。
③制品之间须留一定间隔，以免发酵膨胀后相互粘连。
④若是要检验发酵制品是否蒸好，可用手指轻压制品，若立即反弹则已熟，反之则还差火候。
⑤蒸制成熟工艺必须保证"一口气"蒸熟，温度一般为100～120 ℃。

　　锅内的水以淹没蒸笼 5～7 厘米为宜。水过少，蒸汽易泄漏，导致笼内蒸汽不足；水过多，水易沸腾到笼中来，底笼制品成了"煮制"。有时候制品蒸制时间较长，为避免焦锅而水量较多时，最底层可垫个空蒸笼。

　　为了不影响制品发酵膨松后的形态和质量，往蒸格摆放生坯时，发酵面团制品必须间隔一定距离，一般以 3 厘米为宜，而其他面团制品摆放有序便可。

> 蒸制时温度的高低取决于火的大小和气压的高低，蒸具上锅时，必须保证水开、蒸汽足，以及水的清洁。当然蒸具必须密封，以免漏气。如存在漏气的情况，可用毛巾盖上，切不可中途掺入冷水或者搬离蒸具。
>
> 蒸制品成熟后，需关火静止 2~3 分钟再打开锅盖，及时出笼，需轻拿轻放，特别注意防止带馅品种露馅漏汤等。

在正常气压下沸水温度为 100 ℃，是温度最低的一种成熟工艺。

7.1.2　煮制工艺

煮制工艺是把成型好的面点生坯放入水锅中，通过水介质的传导和对流使制品成熟的一种工艺。煮制成熟的面点制品受热均匀充分，保持了原汁原味，口感滑爽筋道，也基本保持了本色。该成熟工艺在中餐面点中使用十分广泛，适用于各种既可作主食，也可作小吃的面点的成熟，如抄手、水饺、汤圆、面条、米线、米粉、汤羹，等等。

碗底料

材料： 水面 500 克。
工具： 蒸煮锅、筷子、漏勺。

煮面条

通过对煮面条的学习，可以透视整个煮制工艺。

① 面条抖松，从中间断开（图 7.7）。

图 7.7　面条抖松

② 将面条投入沸水锅内，迅速用筷子搅动，以避免粘连（图 7.8）。

图 7.8　往锅内投入面条

③ 锅中面汤每开一次即点一次水，保持汤面沸而不腾（图 7.9）。

图 7.9　点水

④ 待面条浮面，熟后捞出（图 7.10）。

图 7.10　面条浮面

⑤ 捞出装碗即可（图 7.11）。

图 7.11　捞出装碗

提 示

①煮制时要火旺汤宽水沸，这样可避免制品下锅粘连和煮制过程中浑汤等现象。

②点水的目的是让制品受热均匀，保持水面沸而不腾，制品不被冲烂。

③将面条断开是为了捞面时更容易将面条捞起。

④若连续煮制，需保持水的清澈。

⑤鉴别面条的成熟度可通过掐断面条看掐面白心的多少，白心越多表示越生。

⑥煮制品成熟后需要立即食用，放久了容易粘连或后熟导致不良口感。

　　由于水的传热能力相对较弱，因此煮制品成熟较为缓慢，加上制品直接与水接触，使得淀粉颗粒在受热的同时吸水充分膨胀，会使煮好的制品重量增加。

　　所投入的生坯量应与水量相符。一般来说，除汤羹外的面点制品都要求水量宽，若水量过少，制品中的淀粉会使水变得黏稠，制品也容易粘连，成熟后变形软烂。而汤羹类制品的加水量，则应以成品稀稠适宜为佳，加水量准确，中途不宜再次补充加水。

　　生坯初下锅时，多沉于锅底，特别是稍有重量的生坯，如饺子、抄手等，因此需要用炒勺轻轻推动，避免相互粘连或粘锅。

　　若是连续煮制，不宜用一锅水，需要不断除去浑浊的水而补充干净的水，否则制品不易煮熟，成品也不清爽。

一、名词解释

1. 蒸制工艺

2. 煮制工艺

二、多项选择题

1. 下面适合蒸制成熟的面团有（　　）。

　　A. 水调面团　　　B. 发酵面团　　　C. 米粉团　　　　D. 混酥面团　　　E. 果蔬面团

2. 判断蒸制面点是否成熟的方法有（　　）。

　　A. 眼看　　　　　B. 鼻闻　　　　　C. 手拍　　　　　D. 耳听　　　　　E. 手按

三、简答题

1. 蒸制和煮制工艺有何异同？

2. 煮制工艺的技术要领有哪些？

3. 蒸制面点品种有哪些特点？

任务2 炸制、煎制、烙制工艺

炸、煎、烙的技术性都较强，三种熟制工艺几乎都需要用油，熟品表面都有或酥或干的特点，只是用油的多少和干酥的程度不一样而已。相比较而言，炸一般需用油浸没制品，成品酥脆；煎需用少量油淹没制品底部，成品一面酥脆，一面柔软；烙只需用少量油润锅，使制品不与锅具粘连，成品干中带软。

7.2.1　炸制工艺

炸制工艺是指将成型后的面点生坯放入一定温度的油锅内，以油脂作为传热介质使面点成熟的一种工艺。炸制工艺具有用油量较多，制品受热均匀，温度范围较广，制品成熟较快，成品酥脆的特点。在中餐面点中运用较为广泛，大部分面点制品都可以用炸制来成熟。现运用较多的为油酥面团制品、化学膨松面团制品、米粉面团制品和薯类面团制品等，如荷花酥、馓子、麻圆、油糕、油条、茗饼、土豆饼等。

图 7.12　炸制面点品种

炸油经高温反复加热后颜色会变暗，黏度增加，泡沫增多，口感变劣，营养价值大大降低。

材料： 制好的麻圆生坯 10 个、植物油适量。
工具： 炒锅、筷子、漏勺、炒勺。

炸麻圆

炸麻圆有一定的技术性，对炸制过程中的操作及油温的掌握都有较高要求。

① 锅内烧油（图 7.13）。　② 麻圆摆于漏勺内（图 7.14）。　③ 两至三成油温时下麻圆生坯（图 7.15）。

图 7.13　锅内烧油

图 7.14　麻圆摆于漏勺内

图 7.15　下生坯

④ 用筷子拨动麻圆，以免粘连（图7.16）。

图7.16 拨动麻圆

⑤ 待麻圆浮面后取出漏勺（图7.17）。

图7.17 取出漏勺

⑥ 转为中火并用炒勺轻压麻圆身（图7.18）。

图7.18 用炒勺轻压麻圆身

⑦ 随着轻压，麻圆体积会逐渐变大（图7.19）。

图7.19 麻圆体积变大

⑧ 转大火，给麻圆上色（图7.20）。

图7.20 转大火上色

⑨ 捞出沥油装盘（图7.21）。

图7.21 炸好的麻圆

提　示

①麻圆不宜在油锅内久炸，否则易爆裂。

②一成油温为30 ℃，两至三成油温即为60~90 ℃。

③开始为小火，中途转为中火，以使麻圆的体积逐步变大，最后转为大火迅速上色。

　　不同的生坯下锅时对油温的要求不一样。一般来说，油酥制品低油温下锅，糕团类制品中油温下锅，化学膨松面团制品高油温下锅。

　　在炸制过程中，对油温的把握也有所差异，通常酥类制品是先低油温后高油温，糕团类制品是先中油温再低油温、中油温，最后中高油温，化学膨松面团制品先低高油温再中高油温。

　　用油量起码应达到油∶生坯 = 5∶1的要求，为防相互粘连或粘锅，需用筷子轻拨侧面。

7.2.2　煎制工艺

　　煎是将成型好的面点生坯放入平底锅内，利用金属锅底和油脂的传热作用使制品成熟的工艺。其用油量较少，一般不会超过面点生坯的底部，操作起来较炸要简单一些。根据不同品种的需要，煎制工艺大致可分为油煎、水油煎、煎炸和蒸煎四种。

1）水油煎

水油煎是在平底锅内刷上薄薄的一层油，放入面点生坯稍煎至底部微黄时，从锅沿加入适量的油水或淀粉浆，立即盖紧锅盖再煎约 8 分钟，让锅内的水产生水蒸气，使制品连煎带蒸成熟的一种工艺。

材料： 制好的鸡汁锅贴 8 只、食用油和清水适量。
工具： 铲子、平底锅。

鸡汁锅贴

鸡汁锅贴是典型的水油煎成熟制品。

① 往平底锅内倒入薄薄的一层油（图 7.22）。

图 7.22　炙锅

② 有序摆入生坯（图 7.23）。

图 7.23　摆入生坯

③ 稍煎至底部微黄（图 7.24）。

图 7.24　煎至底部微黄

④ 从锅沿加入适量的水（图 7.25）。

图 7.25　从锅沿加入适量的水

⑤ 盖紧锅盖，小火慢煎约 8 分钟（图 7.26）。

图 7.26　小火慢煎

⑥ 锅内无炸声时，掀开锅盖，加少量油，再煎一会儿（图 7.27）。

图 7.27　加少量油再煎

⑦ 至底部煎黄且全熟（图 7.28）。

图 7.28　至底部煎黄且全熟

⑧ 水油煎好的锅贴（图 7.29）。

图 7.29　煎好的锅贴

提　示

①为使生坯受热均匀，摆入平底锅时应先放四周再放中间，因中间温度较四周高。
②煎时需用小火，给足制品由生变熟的时间。
③务必使锅内水蒸完，否则底部不酥。

2）油煎

油煎（图 7.30）是将平底锅炙好后，倒入油脂使其布满锅底，然后投入面点生坯，先将一面煎成金黄色，再翻面将另一面也煎成金黄色，直至成熟。煎时以中火四五成油温为宜，过低不易成熟，过高易导致外焦内生。油煎成品具有颜色金黄、口感酥脆的特点，适用于葱油饼、馅饼等的成熟。

图7.30 油煎

3）煎炸

煎炸（图7.31）也称半煎半炸，类似于油煎，是在完成油煎之后再加入一些油脂，使制品内部炸透的一种煎制工艺。需要注意的是，加油炸制时，所加油量以淹没半个饼坯为宜。煎炸出的成品具有层次清晰、外酥内嫩的特点，常用于萝卜丝饼、牛肉焦饼等面点的成熟。

图7.31 煎炸

4）蒸煎

蒸煎（图7.32）是将面点制品先蒸制半熟或刚熟，再入平底锅煎全底部金黄酥脆的一种煎制工艺。此法操作较为简单，制品易熟，具有底部焦黄酥脆、上部鲜嫩软滑的特点，常用于煎饺、煎包等面点制品的成熟。

图7.32 蒸煎

> 掌握好不同煎法所需的油量，煎制时锅要不停地转动，以使锅内制品受热均匀，成熟一致。另外，还需严格控制好火候和温度，以中小火为宜。

7.2.3 烙制工艺

烙制工艺是通过金属锅底受热使锅内本身具有较高的热量，放入成型的面点生坯，通过锅底的热能使面坯中的水分汽化，进而热渗透使制品成熟的工艺。烙制特别适合各种饼类的成熟。根据不同品种的需求，烙制可分为干烙、油烙和水烙三种。

1）干烙

干烙是指将成型的面点生坯直接放入平底锅内加热成熟的一种烙制工艺。在整个烙制过程中，不刷油，也不洒水。干烙成品表面有"面花斑"，外酥脆内柔软，常用来烙制白面锅盔、春饼、煎饼等。干烙制品易干裂、干硬，一般不直接食用。

材料： 发酵面团 500 克、扑粉少许。
工具： 平底锅、铲子、单手杖。

白面锅盔

用制作白面锅盔的方法，还可以制作椒盐锅盔、香甜锅盔等。

① 将面团下剂约 50 克一个（图 7.33）。

图 7.33　下剂

② 反复揉至光洁（图 7.34）。

图 7.34　反复揉至光洁

③ 擀成直径约 10 厘米、厚约 1 厘米圆饼，并用手攒圆（图 7.35）。

图 7.35　擀成圆饼并用手攒圆

④ 平底锅或鏊子加少许油炙上锅，放入擀好的饼坯烙制（图 7.36）。

图 7.36　少油烙制

⑤ 待饼坯鼓气后，再翻面烙制，至两面都烙成"面花斑"（图 7.37）。

图 7.37　两面都烙成"面花斑"

⑥ 转入炉内烘烤 2 ~ 5 分钟（图 7.38）。

图 7.38　转入炉内烘烤

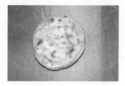

⑦ 干烙成熟的白面锅盔（图7.39）。

图7.39 烙好的白面锅盔

2）油烙

油烙（图7.40）是指在锅内抹一层薄薄的油脂后再放入成型的面点生坯，待贴锅一面呈浅黄色后，在表面刷少许油后翻面，每翻动一次刷一次油，直到制品成熟。传热的主导还是锅底，油脂只起到一定的辅助作用。油脂在这种成熟工艺中，还有增香的效果。油烙制品具有外香酥脆、内柔软嫩的特点，适于肉锅盔、大饼等的成熟。

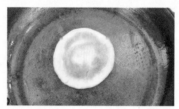

图7.40 油烙

3）水烙

水烙（图7.41）是在干烙的基础上洒水焖熟，与水油煎有些类似。只煎一面，微黄后加水焖，直至成熟。传热的主体除了锅底外，还结合了蒸汽传热。用此法成熟的制品具有底部香脆、表部柔软的特点，较多用于大锅饼等的成熟。

图7.41 水烙

干烙制品烙上"面花斑"，让人更有食欲。烙制时根据饼坯的厚薄和是否带馅决定火力大小。一般来说，在饼较厚和带馅时，火力越小，加热烙制时间越长。

油烙时，无论是锅底还是制品表面，所刷油量一定要少，且需刷均匀。

水烙成熟过程中，加水时以加在锅中温度最高的地方为宜，这样会迅速产生水蒸气。不要求一次洒水就达到成熟，可根据实际情况，多次洒水。值得一提的是，洒水是为了产生水蒸气焖熟制品，因此量不宜大，否则就成了水煮。

一、名词解释

1. 炸制工艺

2. 水油煎

3. 蒸煎

4. 干烙

二、判断题

1. 炸制面点的油脂可以反复多次使用。 （ ）

2. 水油煎适合不太厚的饼状面点。 （ ）

3. 烙制面点的口感比油炸面点的口感更酥脆一些。 （ ）

4. 如果放入生坯炸制时油温过低，容易导致制品浸油。 （ ）

三、简答题

1. 炸、煎、烙有何不同？

2. 炸制工艺操作时需要注意什么？

3. 炸制面点有什么特点？

4. 水油煎和水烙有何异同？

任务3 烤制、微波加热工艺

烤制工艺在中餐面点中也较常使用，如酥点、月饼等。而微波加热则是一种新兴的成熟工艺，使用既方便又快捷。用这两种成熟工艺成熟的制品都具有受热均匀的特点。

7.3.1 烤制工艺

烤制工艺也称烘烤工艺、烘焙工艺，将成型的面点生坯放入烤盘中，再放进烤箱，利用烤箱内的高温传热使制品成熟。其热量是通过传导、对流和辐射三种方式传递的，使制品定形、上色并最终达到成熟。

这种成熟工艺既适用于大众面点的成熟，也适用于精细造型品种的成熟，具有色泽鲜明、形态美观、营养价值较高的特点，常见的烤制成熟的面点制品有酥点、蛋糕、蛋挞、饼干、月饼等。

材料：搓好的 60 克重的面包 30 个、食用油少许。
工具：烤盘、油刷。

烤面包

烤面包具有绵软、富有弹性的特点。

① 烤盘刷油（图 7.42）。

图 7.42　烤盘刷油

② 面包以一定的间距有序地摆放（图 7.43）。

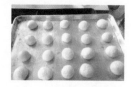

图 7.43　摆入面包

③ 进醒发箱充分醒发（图 7.44）。

图 7.44　醒发

④ 烤箱预热，面火略高于底火，温度设于 200 ℃左右（图 7.45）。

图 7.45　烤箱预热

⑤ 当烤箱温度升高后，放进醒发好的面包烤 30 分钟左右，至表面色黄和面包成熟（图 7.46）。

图 7.46　面包进烤箱至表面色黄且成熟

⑥ 烤好的面包（图 7.47）。

图 7.47　烤好的面包

提　示

①面包充分醒发好后再送入烤箱。
②烤箱温度升高后再送进面包。
③烤制过程中，可通过玻璃窗查看面包上色和成熟程度，可根据需要转动烤盘。

烤制不同制品需要不同的温度。一般来说，100～150 ℃的低温适用于一些馅料或粉料的熟制，以保持原色，如瓜子、核桃、面粉等；150～180 ℃的中温适用于层酥制品的熟制，只形成浅黄色或乳白色，如花式酥点；180～220 ℃的中高温适用于膨松面团、油酥面团、蛋糕、饼干等的熟制，烤制出的制品色泽偏黄，呈黄色、金黄色或黄褐色；220～270 ℃的高温适用于月饼或根茎类原料的烤制，表面颜色能达到金黄色或枣红色、红褐色等。

生坯往烤盘摆放时，间距要适中，太密易使生坯发酵好后拥挤变形，太疏则会使烤箱内湿度降低。火力集中，烤出的制品表面粗糙甚至焦煳。

　　烤制成熟的物理膨松面团制品需先在烤箱内停留 2 分钟左右再出炉，以免受冷收缩，发酵制品等则需迅速出炉，以使表面酥脆和内部松软，切忌马上翻动，以防止变形。

7.3.2　微波加热工艺

　　微波加热只适用于量少的面点熟制，一般家用较多。微波加热工艺是将成型的面点生坯放入微波炉内，通过面点生坯吸收微波产生大量热能使制品成熟的一种工艺。主要利用的是微波能源，面点生坯与微波相互作用达到加热成熟的效果。相对其他成熟工艺，加热更迅速，受热均匀，能保持面点的营养价值，但其制品不易上色，质地也比较单一，几乎只有松软一种口感。

　　微波炉具有反射性、穿透性和吸收性三大特征，在加热面点时不宜使用金属器皿，哪怕是一些带金属边的餐具也行。木质或竹制器皿只适合短时间加热，如时间较长，易导致器皿焦煳。目前市面上有微波专用器皿，使用更安全，因其加入了易吸收微波的材质，在面点成熟时能起到事半功倍的效果。

　　使用微波炉加热时，需注意：

　　①中心区域最好不要放面点生坯，而选择有间隙地在盘外侧排列成环，使其受热均匀。

　　②如果加热一些颗粒状馅心或羹汤类面点，在加热过程中需要搅动 1～2 次，这样微波炉内热量分布才会均匀，能缩短加热时间。

　　③如果面点生坯的个别部位偏薄偏小，薄小的部位则易焦煳，所以用微波加热的面点生坯最好厚薄、大小均匀。

　　④加盖能有效避免面点水分的蒸发，特别是加热馒头、包子等含水量较低又要求成品有较多水分的面点，必须加盖或封保鲜膜后再加热，否则成品水分丢失，口感变得绵软韧性。

一、名词解释

1. 烤制工艺

2. 微波加热工艺

二、判断题

1. 烤制工艺中，中温即 150～180 ℃，适用于酥制面点品种的成熟。　　　（　）

2. 微波加热的面点具有与蒸制面点相似的特点。　　　（　）

三、简答题

1. 烤制成熟的中餐面点有哪些?

2. 烤制面点有哪些特点?

3. 微波加热有哪些注意事项?

创造中餐面点

模块 4

✧中餐面点的"味外之味"将从这里绽放，心灵手巧的你一起来吧！

项目 8　中餐面点艺术

【职业能力目标】

- ❏ 了解中餐面点的常用装饰方法；
- ❏ 了解中餐面点装饰中常用的原料；
- ❏ 掌握常用面塑技法；
- ❏ 具备基本的审美能力，对颜色搭配、形状构成等达到中等审美水平。

任务1　面塑盘饰艺术

面塑盘饰是指将各种颜色的面团制作出植物、动物、人物等艺术造型放于盛器的周围或一边，对面点进行点缀和装饰，以达到美化面点、提升面点"味外之味"、烘托餐桌气氛的作用。

8.1.1　面塑常用手法

1）揉

两手同时用力，将面团揉成表面光滑的圆球形（图 8.1）。

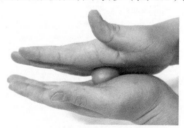

图 8.1　揉

2）捏

拇指和食指同时用力，将面团捏成所需厚度（图 8.2）。

图 8.2　捏

3）压

用有机玻璃板将面团压成所需厚度的片状（图 8.3），适用于制作人物的衣服。

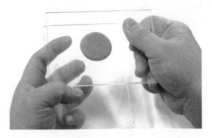

图 8.3　压

4）擀

用有机玻璃圆棒将面团擀平，至所需厚度（图 8.4）。面团延展性越好，擀得越薄。

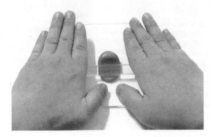

图 8.4　擀

5）挑

用工具的尖端向上提起面团，适用于制作人物及动物的鼻子（图 8.5）。

图 8.5　挑

6）拨

用工具的尖端在延展后的面团上向前拨出（图 8.6），适用于制作点缀用的小花。

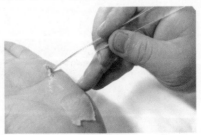

图 8.6　拨

8.1.2　面塑面团调制

1）原料配比

面粉 500 克、糯米粉 125 克、水 250 克、糖 20 克、食盐 10 克、食用甘油适量。

2）制作方法

① 将面粉、糯米粉、糖、食盐放在盆内拌匀（图 8.7）。

图 8.7　原料纳盆

② 加入开水搅拌均匀，揉成团（图 8.8）。

图 8.8　揉好的面团

③ 将面团分成小块，并压成直径为 10 厘米的圆（图 8.9）。

图 8.9　分成小块，压成圆饼图

④ 上笼蒸制成熟（图 8.10）。

图 8.10　蒸熟

⑤ 稍冷却后加入适量食用甘油，揉成团，并用保鲜膜封好，随用随取（图 8.11）。

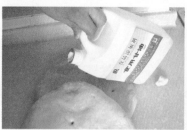

图 8.11　稍冷后揉成团

8.1.3 面塑作品欣赏

1）熊猫戏竹（图 8.12）

（1）原料

铁丝，黑、白、绿色面团。

（2）制作

①用绿色和黑色制成假山。

②用绿色面团包裹铁丝制成竹子。

③用黑白色面团制成熊猫。

图 8.12 熊猫戏竹

2）QQ 之恋（图 8.13）

（1）原料

各色面团、鲜奶油。

（2）制作

①用红色面团制成心形并用竹签固定在奶油上。

②将制好的 QQ 放在盘子上。

③用鲜奶油装饰。

图 8.13 QQ 之恋

3）天真童年（图 8.14）

（1）原料

各色面团、果酱、鲜花、文竹。

（2）制作

①用果酱挤出线条围边。

②将鲜花、文竹插在面团上。

③用各色面团制成卡通兔子。

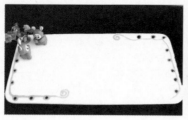

图 8.14　天真童年

4）丰收（图 8.15）

（1）原料

各色面团。

（2）制作

①以实物为参照物，制成各式蔬菜。

②随意摆放在盘子的一边。

③用各色面团搓成小粒作为装饰。

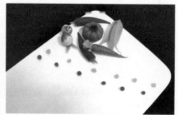

图 8.15　丰收

5）玫瑰花（图 8.16）

（1）原料

各色面团、铁丝、果酱、裱花袋。

（2）制作

①用红、黄、绿三色面团制成玫瑰花。

②固定在盘子的一边。

③用果酱挤成线条。

图 8.16　玫瑰花

6）马蹄莲（图 8.17）

（1）原料

铁丝，白、绿色面团，巧克力酱，色香粉。

（2）制作

①用白色和绿色面团制成马蹄莲。

②在花蕊上喷少量黄色的色香粉。

图 8.17　马蹄莲

7）康乃馨（图 8.18）

（1）原料

黄、绿、白色面团、铁丝、色香粉、果酱。

（2）制作

①用白色面团制成康乃馨花朵，并喷上香芋色香粉。

②将两种颜色的康乃馨组装并固定在盘上。

图 8.18　康乃馨

8）荷花（图 8.19）

（1）原料

各色面团、铁丝、巧克力酱。

（2）制作

①用黄、粉、绿三色面团制成荷花。

②用黑、白两色面团制成莲藕。

③组装并固定在盘子的一边。

图 8.19　荷花

任务测试

一、名词解释

面塑盘饰艺术

二、判断题

1. 调制面塑面团时加入甘油的目的是延长面团的保存期。 （   ）

2. 面塑中拨的技法适用于制作点缀用的小花。 （   ）

三、简答题

1. 请列举几种常用的面塑手法，并说明主要用途。

2. 制作面塑盘头花的注意事项有哪些？

任务2 西式盘饰艺术

西式盘饰是近几年较为流行的一种装盘方式，主要以巧克力、果酱、奶油为主体，搭配鲜花和果蔬的形式，以简单快捷的方法制作出艺术感较强的盘饰。

8.2.1 西式盘饰的常用原料

① 水果的种类繁多，形态各异，颜色自然，经过简单的切配，可以快速地用于面点的装饰。水果营养丰富，有诱人的果香味，是盘饰的主要选料之一（图8.20）。

② 蔬菜类原料品种繁多，颜色丰富，经过一定的刀工处理后，进行组合、摆放，从而起到烘托点缀的作用。蔬菜健康营养，色泽清新（图8.21）。

图 8.20　水果

图 8.21　蔬菜

③ 鲜花类原料色泽鲜艳，香味浓郁，不同鲜花代表不同含义，是点缀盘饰的最佳选料（图 8.22）。

④ 巧克力装饰片造型各异，形态美观，使用方便，是西式盘饰主要的选料（图 8.23）。

⑤ 果酱类原料多用于西点装饰，口味较多、颜色各异、酱体光亮、黏性强（图 8.24）。

图 8.22 鲜花

图 8.23 巧克力装饰片

图 8.24 果酱

8.2.2 西式盘饰作品欣赏

1）圣诞之夜（图 8.25）

（1）原料

巧克力、果酱、车厘子、柠檬皮。

（2）适用范围

以圣诞节等为主题的宴席。

图 8.25 圣诞之夜

2）一网情深（图 8.26）

（1）原料

巧克力、车厘子、果酱、黄瓜。

（2）适用范围

情人节、七夕节等。

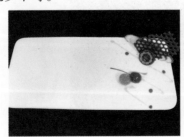
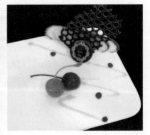

图 8.26 一网情深

3）掌上明珠（图 8.27）

（1）原料

黄瓜、圣女果、柠檬、巧克力酱。

（2）适用范围

升学、孩子生日等宴席。

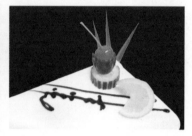

图 8.27　掌上明珠

4）星语心愿（图 8.28）

（1）原料

圣女果、柠檬、果酱、巧克力、富贵竹叶。

（2）适用范围

以祝福为主题的宴席。

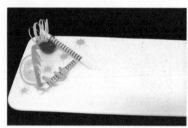

图 8.28　星语心愿

5）比翼双飞（图 8.29）

（1）原料

黄瓜、车厘子、花瓣、花叶。

（2）适用范围

各种菜肴或点心，尤其是在七夕节更能让人感受到节日的氛围。

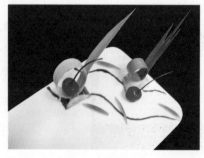

图 8.29　比翼双飞

6）平安夜晚（图 8.30）

（1）原料

巧克力装饰片、车厘子、巧克力酱。

（2）适用范围

该盘饰稳重、祥和，适用于一些较安静的用餐氛围。

图 8.30 平安夜晚

7）塞纳河畔（图 8.31）

（1）原料

草莓果酱、车厘子、黄瓜、小米辣、葱叶。

（2）适用范围

简单大方的盘饰，适用于多种宴席。

图 8.31 塞纳河畔

8）春意盎然（图 8.32）

（1）原料

巧克力、车厘子、果酱、花叶。

（2）适用范围

该盘饰颜色明亮，给人一种生机勃勃的感觉，适用于一些欢快的用餐氛围。

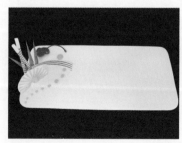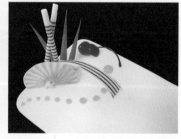

图 8.32 春意盎然

 任务测试

一、名词解释

西式盘饰艺术

二、判断题

1. 果酱类原料颜色丰富，酱体光亮，黏性强。 （　　）

2. 西式盘饰中多将水果、鲜花、蔬菜、巧克力片、果酱等综合灵活运用。 （　　）

三、简答题

1. 制作西式盘饰头花的主要原料有哪些？

2. 西式盘饰中挤果酱的基本手法有哪些？

3. 西式盘饰有哪些特点？

参考文献

[1] 陈迤. 面点制作技术 [M]. 北京：中国轻工业出版社，2006.

[2] 卫兴安. 精品面塑制作技术 [M]. 北京：中国轻工业出版社，2011.

[3] 阎红. 烹饪原料学 [M]. 北京：高等教育出版社，2005.

[4] 张文，贾晋. 川菜制作 [M]. 2 版. 重庆：重庆大学出版社，2020.

[5] 钟志惠. 面点制作工艺 [M]. 南京：东南大学出版社，2007.

[6] 钟志惠，陈迤. 中式面点工艺与实训 [M]. 北京：高等教育出版社，2015.

[7] 周宏，陈坤浩. 烹饪原料知识 [M]. 3 版. 北京：中国劳动社会保障出版社，2015.

[8] 周旺. 烹饪器具及设备 [M]. 北京：中国轻工业出版社，2000.

[9] 周毅. 周毅食品雕刻：面塑篇 [M]. 北京：中国纺织出版社，2011.